国家自然科学基金联合项目（U1403191）
国家自然科学基金面上项目（41172130）
国家科技重大专项（2016ZX05014-001）
中央高校基本业务费项目（292015209）

联合资助

油气藏核磁共振测井理论与应用

谭茂金　著

科学出版社
北　京

内 容 简 介

本书从油气储层岩石的核磁共振测井机理出发，论述核磁共振测井理论、响应机理和响应特征，系统地建立不同岩性地层的核磁共振测井解释模型和方法，开展多维核磁共振测井理论及其流体识别方法，并介绍岩石孔隙尺度的核磁共振微观特性与响应特征。本书内容完整，体系合理，在介绍新理论、新方法的同时，注重介绍应用效果，并有机融入了近年来的最新科研成果。

本书可供广大测井研究人员、地质勘探人员以及高校师生阅读参考。

图书在版编目（CIP）数据

油气藏核磁共振测井理论与应用/谭茂金著. —北京：科学出版社，2017.6
ISBN 978-7-03-051941-2

Ⅰ.①油… Ⅱ.①谭… Ⅲ.①油气勘探-核磁测井-研究 Ⅳ.①TE151

中国版本图书馆 CIP 数据核字（2017）第 040415 号

责任编辑：孟美岑 陈娇娇 / 责任校对：杜子昂
责任印制：肖 兴 / 封面设计：北京图阅盛世

科 学 出 版 社 出版
北京东黄城根北街 16 号
邮政编码：100717
http://www.sciencep.com
中国科学院印刷厂 印刷
科学出版社发行 各地新华书店经销

*

2017 年 6 月第 一 版 开本：720×1000 1/16
2017 年 6 月第一次印刷 印张：14
字数：268 000
定价：168.00 元

序

　　核磁共振测井是近代物理学核磁共振原理在地球科学中的拓展与应用,该技术测量原理精妙,方法技术优越,应用效果显著,已经成为世界各大油田勘探开发中的一项重要技术。随着应用的深入,现有核磁共振测井技术的局限性也显示出来,特别是火成岩和有机页岩的核磁共振响应受到更多因素的影响,不确定性增加,多维核磁共振探测等技术尚待探索与推广。因此,深化核磁共振测井理论和应用基础研究是非常规油气和复杂油气勘探开发的迫切需求。

　　核磁共振测井技术在我国的规模化应用始于 1996 年。谭茂金博士较早参与了这一工作,并表现出浓厚的兴趣和工作热情,几乎参加了我组织的所有核磁共振测井技术讲座和学术交流活动。他积极思考,勇于探索,对核磁共振技术的理解不断深化,先后承担了胜利油田及其外围探区大部分核磁共振测井解释工作,在不同类型油气藏中积累了丰富的测井实例和实践经验。近几年,他紧跟核磁共振测井技术前沿,密切结合勘探需求和应用难点,凝练核磁共振科学技术问题,先后在国家自然科学基金与国家科技重大专项等项目资助下,对核磁共振探测理论与应用进行了积极有益的探索,取得了多项成果,如低信噪比核磁共振测井数据处理与流体识别,火成岩及页岩核磁共振测井解释模型,多维核磁共振探测技术数值模拟以及孔隙尺度核磁共振响应机理等。

　　翻阅谭茂金博士的这部新书,可以看出他对测井新技术的孜孜追求,细细读来,发现全书内容丰富,思路清晰。围绕复杂碎屑岩、有机页岩及火成岩的核磁共振测井难点,进行了深入的理论研究与实验分析,通过优化反演算法,构建合理解释模型,发展了评价方法,见到了应用成效。书中,对新兴的多维核磁共振探测理论和数值模拟方法进行了深入探索,提出了混合反演算法,有利于多维核磁共振测井的推广应用。此外,还从孔隙尺度、岩心尺度和地层尺度,研究并对比分析了核磁共振响应机理与响应特征,丰富了多尺度岩石物理学。全书深入浅出,论述细致,理论阐述和实例分析相得益彰。所以,我很高兴为这部新书作序。

核磁共振技术在化学、物理学、生物学等领域持续快速发展，我相信这些领域的新理论和新方法经过改进可以应用到核磁共振测井中，从而推动地球物理测井技术的进步。希望本书的出版能够助力我国核磁共振测井评价技术的深化应用，也能对后续新思想、新技术的研发产生重要启迪。当然，核磁共振测井理论与应用还任重道远，希望谭茂金教授再接再厉，把现有成果不断深化和升华，使这项地球物理测井技术进一步发扬光大。

教育部"长江学者"特聘教授
中国石油大学（北京）　教授
2017 年 1 月 16 日

前　言

　　核磁共振（NMR）测井是一种十分重要的地球物理勘探方法，在油气藏勘探开发中发挥着不可替代的作用。目前，核磁共振测井技术在砂岩、碳酸盐岩等沉积岩储层划分、流体识别、孔隙结构研究，以及孔隙度、渗透率计算等方面的应用效果非常显著。应用核磁共振测井技术发现了一些疑难油气藏，具有常规测井技术无法比拟的优越性。近年来，新的二维、三维核磁共振测井得到了长足的发展，将观测结果从单个横向弛豫时间（T_2）拓展到油、气、水的纵向弛豫时间（T_1）、横向弛豫时间（T_2）和扩散系数（D）三个维度参数上，利用油、气、水在（T_2，D）、（T_1，T_2）二维平面，甚至（T_1，T_2，D）三维空间交会技术，清晰地刻画了不同储层的特征，有效地提高了流体识别的精度，具有广阔的应用前景。页岩油气等非常规油气藏的兴起催生了高分辨率核磁共振测井技术的发展，其响应机理、响应特征和解释方法亟待研究与发展。而且，微纳尺度岩石物理学的兴起，可从微观上剖析孔隙流体的核磁共振微观响应机制，通过与岩心核磁共振实验、储层核磁共振测井对比分析，实现多尺度的核磁共振融合分析和综合解释。

　　"油气藏核磁共振测井理论与应用"涵盖多维多尺度核磁共振测井理论、响应特征与解释方法，碎屑岩、碳酸盐岩、有机页岩甚至火成岩等多种岩性地层的应用。本书共7章，第1章介绍基本原理，立足核磁共振基本物理现象，结合储层流体的核磁弛豫特性，简述核磁共振测井基本原理。第2章为核磁共振测井数据处理方法，包括回波信号预处理方法和回波信号反演方法。第3章为核磁共振测井解释理论与复杂碎屑岩应用。第4章为有机页岩核磁共振测井理论与应用，包括响应特征，解释模型和实例分析。第5章为火成岩核磁共振影响因素与测井解释方法，包括影响因素分析、校正方法与解释应用。第6章为多维核磁共振测井理论与应用，主要介绍多维核磁共振基本理论、数值模拟、观测参数设计及流体识别，并进行实例分析与应用。第7章为孔隙尺度核磁共振微观响应，介绍孔隙尺度的核磁共振数值模拟理论和微观响应特征。第3～7章为全书的研究重点和亮点。

　　本书的出版是国家自然科学基金"有机页岩多维多尺度核磁共振探测理论研究"（U1403191）、"页岩气储层测井响应机理与解释模型研究"（41172130）、中国石化"火成岩核磁共振影响因素与测井解释方法研究"以及国家科技重大专项"碳酸盐岩不同缝洞储集体测井解释与井震关系研究"（2016ZX05014-001-007）的主要研究成果。本书还得到了"地下信息探测与仪器"教育部重点实验室的支持。在本书撰写过程中，得到了中国地质大学（北京）地球物理与信息技术学院的大力支持和恳切鼓励，并提出了很多建设性意见。教育部"长江学者"特聘教授、著名核磁共振专家、中国石油大学（北京）肖立志教授把笔者引入了核磁共振领域的学术殿堂，在中国和美国多次聆听肖老师授课和技术指导，还欣然为本书作序。笔者对核磁共振测井的研究开始于在胜利油田工作期间，笔者在运华云副总工程师、赵文杰教授等专家的指导下，积极探索核磁共振测井资料采集、数据处理以及不同油气藏的测井解释与应用。中国石化胜利石油工程有限公司的张晋言教授、毛克宇高级工程师在火成岩核磁共振测井研究中给予了具体的指导与建议。中国石油勘探开发研究院周灿灿教授、李潮流博士在致密砂岩核磁共振微观响应研究方面提供了重要支持与帮助。中国石化石油勘探开发研究院李军教授在火山岩岩石物理实验方面进行有益的讨论。对上述专家的指导和帮助表示衷心的感谢！

在核磁共振研究和本书撰写过程中，笔者指导的研究生开展了大量的研究工作。研究生邹友龙研究了二维核磁理论算法和数值模拟研究，王鹏开展了三维核磁共振测井理论与应用研究，徐晶晶、邹友龙、王琨先后开展了孔隙尺度的沉积岩重构以及核磁共振微观响应研究，范璐娟、杜欢进行了火成岩核磁共振影响因素研究，宋晓东开展了页岩核磁共振分形孔隙结构与数字岩心流体分布研究，方驭洋开展了页岩岩石物理实验和解释模型研究。本书成果的取得与他们的辛勤努力是分不开的，正是青年学生的孜孜探索，才使得这一研究方向得以传承和延续。此外，吴静、白泽、苏梦宁等研究生参与了部分图件的修改与绘制。对于研究生的勤奋努力和创新工作，在此一并表示感谢！

本书着眼于核磁共振测井理论与解释方法，适合于测井、石油地质研究人员和地质、石油院校师生阅读参考。由于多维核磁共振测井解释方法和核磁共振微观响应机理研究还处于不断发展中，实际应用还有待进一步实践和深化，希望本书的出版能起到"抛砖引玉"的作用。同时，由于笔者水平有限，书中不妥之处恳请读者批评指正！

谭茂金

2017 年 1 月 16 日

目　　录

第1章 核磁共振测井基本原理

自 1946 年发现核磁共振（NMR）现象以来，核磁共振已经在物理学、化学、生物学及医学领域得到了广泛应用，并在石油工业和地球科学研究中也得到了发展。1952 年，Varian 发明了 NMR 磁力计，用于测量地磁场的强度，不久后，Varian 提出磁力计技术可以用于油井测量，由此开始了 NMR 测井的长期探索。1956 年，Brown 和 Fatt 在雪佛龙（Chevron）研究室发现，当流体处于微小空间，如岩石孔隙中，其 NMR 弛豫时间与自由状态相比会显著减小。进一步的实验与理论研究表明，弛豫时间与孔径大小有关，小孔隙具有比较短的弛豫时间。1960 年，Brown 和 Gamson 在 Chevron 研究室研制了利用地磁场的 NMR 测井样机。1979 年，由美国洛斯阿拉莫斯国家实验室（LANL）Jasper Jackson 提出使用永久磁铁和脉冲射频场的 NMR 测井仪器设计原理，奠定了 NMR 测井商业化应用的基础。1985 年，以色列威兹曼科学院的两位科学家 Zvi Taicher 和 Schmuel Shtrikman 发明了梯度场条件下核磁共振成像测井仪（MRIL），并于 1990 年由哈里伯顿（Halliburton）公司正式为油田公司提供商业化服务，为复杂储层评价提供了一项有效技术。斯伦贝谢（Schlumberger）公司于 1991 年发明组合式核磁共振测井仪（CMR），1995 年商业化应用后大大加快了 NMR 测井的推广使用。1993 年，肖立志等提出魔角旋转 NMR 岩心分析技术，能够对岩心样品中的原油成分进行精细分析。1996 年，Akkurt 和 Vinegar 等提出 NMR 识别油气的方法，使 NMR 测井应用从孔隙度、束缚水和渗透率计算延伸到油气饱和度评价，NMR 技术开创了储层油气评价和岩心分析工作的新纪元。

20 多年来，各大油田服务公司陆续推出新的电缆核磁共振测井仪器和随钻核磁共振测井仪器。目前国际上三大测井服务公司（哈里伯顿、斯伦贝谢、贝克休斯）都已经能够承担核磁共振测井服务。近年来，中国石油集团测井有限公司、中国海洋石油总公司都相继开发了成熟配套的核磁共振测井仪（MRT 或 EMRT）和相应采集技术，同时与此配套的核磁共振岩心分析实验仪器也得到了长足发展和应用。

1.1 核磁共振基本原理

1.1.1 原子进动理论

核磁共振是一种物理现象，即原子核对磁场所作出的一种响应。很多原子核都具有磁矩，其特性就像旋转的磁棒一样。核磁共振技术的基础是原子核的磁性及其与外加磁场的相互作用，要解释这种作用，首先要了解原子核的自旋特性。原子核由带电的质子和不带电的中子组成，而含奇数个核子或总原子序数为奇数的原子核都会不停的旋转，都具有内禀角动量，这时就会产生自旋磁场（肖立志，1998；Coates *et al.*，1999；邓克俊，2010），即

$$\mu = \lambda P \qquad (1\text{-}1)$$

式中，μ 为磁矩；P 为自旋角动量；λ 为原子的特征系数，称为旋磁比。

当没有外加磁场时，单个核磁矩随机取向，宏观上系统没有磁性显示。但是当核磁矩处于外加静磁场中，受力矩的作用，从而绕外加磁场方向进动，进动频率由 Larmor 方程确定：

$$\omega_0 = \lambda B_0 \qquad (1\text{-}2)$$

式中，ω_0 为进动频率；B_0 为外加磁场强度。

在外加磁场的作用下，整个自旋系统被磁化，核磁矩与外磁场方向一致，宏观上产生一个净磁化矢量 M_0。此时宏观磁化量与外加磁场的方向相同，整个系统处于平衡状态。

1.1.2 自由衰减信号探测

为了检测原子核的进动信号，利用频率为 ω_0 的射频脉冲将宏观磁化矢量相对静磁场 B_0 方向扳转 90°，射频磁场结束后，原子核继续受静磁场 B_0 的作用并绕之进动。若在与 B_0 垂直的平面上（即为 xoy 平面）布置检测线圈，就可以观测到磁化矢量 M_0 在 xoy 面上的分量，这种信号是随进动衰减的，称为自由感应衰减（FID）信号，如图 1-1 所示。根据 Bloch 给出的旋转坐标对各分量磁化矢量的描述（Dunn *et al.*，2002），它们之间有如下关系：

$$M_x = M_y = M_o \exp(-t / T_2) \qquad (1\text{-}3)$$

$$M_z = M_o[1 - \exp(-t / T_1)] \qquad (1\text{-}4)$$

式中，M_x 和 M_y 为 M_o 在 xoy 平面上的横向分量；M_z 为与 xy 平面垂直的 z 方向上的纵向分量；整个衰减特性用时间 T_2 和 T_1 表示，分别称为横向弛豫时间和纵向弛豫时间。

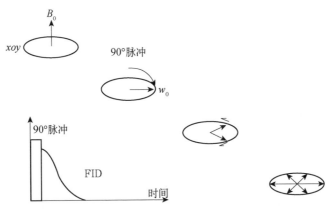

图 1-1　自由感应衰减（FID）信号的检测

　　为了提高接收信号的信噪比，采集时，每间隔 τ 的 180°射频脉冲来采集一系列自由感应衰减信号，称为 CPMG 脉冲序列（图 1-2），得到一系列 CPMG 自旋回波串。核磁共振测井仪器测量到这些回波，并记录下来，组成核磁共振测井的原始数据。

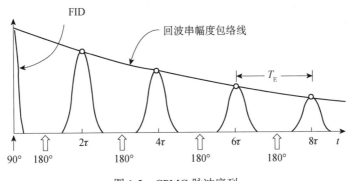

图 1-2　CPMG 脉冲序列

1.2　核磁共振弛豫机理

　　理解饱和流体岩石的 NMR 弛豫机理对于地层的 NMR 测井评价是至关重要的。要想得到岩石物理信息，如孔隙度、孔隙大小分布、束缚流体体积、可动流体体积以及由上述参数计算渗透率等都离不开 NMR 弛豫机理。

横向弛豫时间（T_2）和纵向弛豫时间（T_1）均是氢质子在磁场中的相互作用引起的物理量。弛豫速率用 $1/T_1$ 或 $1/T_2$ 表示。

核磁共振弛豫机理有三种，分别为颗粒表面弛豫、体积流体进动引起的弛豫和梯度场中分子扩散引起的弛豫。相应地，弛豫时间也由这三部分组成，对横向弛豫来说：

$$\frac{1}{T_2} = \frac{1}{T_{2S}} + \frac{1}{T_{2B}} + \frac{1}{T_{2D}} \tag{1-5}$$

式中，T_{2S} 为颗粒表面横向弛豫时间；T_{2B} 为体积流体横向弛豫时间；T_{2D} 为扩散横向弛豫时间。其中，颗粒表面横向弛豫时间和体积流体横向弛豫时间统称为孔隙度流体的固有横向弛豫时间（T_{2int}）。

1.2.1　表面弛豫

颗粒表面弛豫时间的影响因素主要有颗粒表面弛豫率和孔隙结构：

$$\frac{1}{T_{2S}} = \rho_2 \frac{S}{V} \tag{1-6}$$

式中，ρ_2 为孔隙横向表面弛豫率；S/V 为孔隙的比表面积，S 为孔隙的面积，V 为孔隙的体积。

孔隙横向表面弛豫率反映质子的横向弛豫能力，主要由孔隙周围的矿物控制，碎屑岩的表面弛豫率比碳酸岩的大，说明波在碎屑岩中衰减得快，在碳酸岩中衰减得慢。铁磁矿物（如绿泥土和赤铁矿等）有较高的磁敏感性，会大大加速 T_2 的衰减。

孔隙大小在表面弛豫过程中也起着重要作用。弛豫的速率取决于质子同表面碰撞的几率，而这取决于表面面积与体积之比 S/V。在大孔隙中（小 S/V 值），质子碰撞机会较少，则弛豫时间较长；相反，小孔隙具有较大的 S/V 值，弛豫时间较短。

1.2.2　扩散弛豫

在梯度磁场中，分子会出现扩散弛豫，并且 T_2 值会随回波间隔 T_E 的变化而变化，即

$$\frac{1}{T_{2D}} = \frac{CD_a(G\gamma T_E)^2}{12} \tag{1-7}$$

式中，G 为磁场梯度值，Gs[①]/cm；γ 为氢质子的旋磁比；T_E 为回波间隔，ms；D_a 为孔隙流体的视扩散系数，cm²/s；C 为与磁场中受限扩散和自旋回波有关的常数，

---

① 1Gs=10⁻⁴T。

对 MRIL，$C=1.08$，有时该系数可忽略。

存在磁场梯度时，在地层岩石中会产生分子扩散，导致横向弛豫速率加快，对纵向弛豫速率没有影响（Grunewald and Knight，2009；Xie *et al*.，2008；邓克俊，2010）。地层岩石中的磁场梯度主要有两个来源，一个是仪器测量时的外加磁场，另一个是岩石骨架颗粒与孔隙流体之间的磁化率差异引起的内部磁场。当施加外部磁场时，颗粒与孔隙流体分界面上产生的磁场梯度大小为

$$G_{in} = B_0 \frac{\Delta\chi}{r} \tag{1-8}$$

式中，G_{in} 为内部磁场梯度，Gs/cm；B_0 为外加磁场强度；$\Delta\chi$ 为骨架颗粒与孔隙流体之间的磁化率差异；r 为孔隙半径。当 r 很小时，可能内部磁场梯度很大。通常砂岩骨架颗粒呈顺磁性，油、水呈弱逆磁性。

可以看出，在梯度场中，分子的扩散能够加快回波串的衰减速度，使弛豫时间变短，因此核磁共振中引入扩散系数 D 来表征流体分子的弛豫特性。油、气、水都是能够扩散的流体，尤其是天然气，其在 CPMG 观测中均会受到扩散弛豫的影响。

1.2.3　流体弛豫

自由流体为不受空间限制的理想状态流体，其核磁共振特性反映流体本身的弛豫特性，也称为流体的自由弛豫或体弛豫，主要是邻近核自旋随机运动所产生的局部磁场涨落的结果。水的自由弛豫只与温度有关，且 $T_2=T_1$；油的自由弛豫与油的成分、黏度 η 及温度有关，对于原油来说，其弛豫时间是多个被展宽的时间分布；天然气仅 T_1 有自由弛豫，T_2 比 T_1 小很多。

当不存在颗粒表面弛豫和内部磁场梯度时，体积流体内会发生弛豫，水的体弛豫通常可以忽略不计。当存在油气时，因为非润湿相流体不与孔隙表面接触，所以不可能发生表面弛豫。同样，流体黏度增加会缩短流体弛豫时间。因此，尽管 NMR 孔隙度与矿物无关，但 NMR 衰减的轮廓受孔隙中矿物类型、孔隙几何形态及孔隙中的流体黏度和扩散系数的影响。

地层中常见的流体有束缚水、自由水、轻质油、天然气等孔隙流体类型，表 1-1 给出了纵向弛豫时间 T_1、横向弛豫时间 T_2 及扩散系数 D 的分布范围。

表 1-1　油、气、水核磁共振特性

流体类型	T_1/ms	T_2/ms	T_1/T_2（典型）	HI	η/（mPa·s）	D/（10^{-5}cm^2/s）
水	1～500	1～500	1～2	1	0.2～0.8	1.8～7
油	3000～4000	300～1000	1～4	1	0.2～1000	0.0015～7.6
气	4000～5000	30～60	80	0.2～0.4	0.011～0.014（甲烷）	80～100

资料来源：Coates *et al*.，1999

岩石孔隙中的流体与自由流体的核磁共振弛豫特性有很大差别，当孔隙饱和流体时，其核磁共振弛豫要比自由状态时的弛豫快很多，这是因为孔隙流体除具有自由弛豫和扩散弛豫特征以外，还具有固液界面引起的表面弛豫特征，加快了弛豫速率。

1.3 核磁共振谱方程

通常情况下，核磁共振观测根据外加磁场作用下的核磁弛豫特性来反映地层流体性质，计算孔隙度和计算地层中组分流体体积。一维核磁共振观测到的自旋回波，实际上是多种横向弛豫分量共同作用的结果，可以用一个多指数函数表示，该方程为第一类 Fredholm 方程（Provencher，1982；Wang $et\ al.$，2001，2004；Thamban and Pereverzev，2007；Tan $et\ al.$，2013a，2013b）。

$$b(t) = \int K_2(t, T_2) \cdot f(T_2) \mathrm{d}T_2 + \varepsilon \qquad (1\text{-}9)$$

当地层中含有两种以上流体时，如不同黏度的流体与水信号在 T_2 分布上会交叠在一起，为了提高流体识别的精度，还需要考察流体的纵向弛豫时间和流体的扩散系数。如果核磁共振观测能够同时采集多个等待时间 T_W 或多个回波间隔 T_E 下的回波串数据，组合不同参数采集的回波串，增强各个弛豫分量在回波信息中的独立性，就能够反演出流体纵向弛豫时间 T_1、横向弛豫时间 T_2 和扩散系数 D 的分布，这就是二维核磁共振。二维核磁共振测井利用波谱学中二维的概念，通过设计多参数的采集数据方法，发展了识别储层流体的两种二维核磁共振：（T_2，T_1）和（T_2，D）。

当选择测量等待时间 T_W 足够长，反映流体极化项的纵向弛豫时间 T_1 可以忽略，$f(T_2, D)$ 就能够反映流体横向弛豫时间 T_2 和扩散系数 D 的二维空间分布，其谱方程为

$$b(t, T_E) = \iint f(T_2, D) K_2(t, T_2) K_3(t, T_E, D) \mathrm{d}D \mathrm{d}T_2 + \varepsilon \qquad (1\text{-}10)$$

当无梯度磁场测量时，采用较小的回波间隔 T_E 梯度场条件下，流体的弛豫特征方程可以写为纵向弛豫时间 T_1 和扩散系数 D 的二维空间分布形式，其谱方程为

$$b(t, T_W) = \iint f(T_2, T_1) K_1(T_W, T_1) K_3(t, T_2, D) \mathrm{d}T_2 \mathrm{d}T_1 + \varepsilon \qquad (1\text{-}11)$$

处于梯度磁场中的饱和流体岩石，改变 CPMG 脉冲序列的回波间隔 T_E，并且给定有限的测量等待时间 T_W，结合式（1-10）、式（1-11）弛豫模式，测量到的 CPMG 回波串的幅度可以表示为

$$b(t,T_W,T_E)=\iiint f(T_1,T_2,D)K_1(T_W,T_1)K_2(t,T_2)K_3(t,T_E,D)\mathrm{d}D\mathrm{d}T_2\mathrm{d}T_1+\varepsilon \qquad (1\text{-}12)$$

式中，$f(T_1,T_2,D)$ 为氢核数在 (T_1,T_2,D) 三维空间的分布函数；$b(t,T_W,T_E)$ 为回波间隔 T_E、测量等待时间 T_W 的回波串在时间 t 时刻的幅度；$K_1(T_W,T_1)$、$K_2(t,T_2)$、$K_3(t,T_E,D)$ 分别为与 T_1、T_2、D 有关的核函数；ε 为测量时的噪声。

三个核函数分别表示在 T_1、T_2 和 D 的作用下，磁化矢量随时间的变化，具体形式为

$$K_1(T_W,T_1)=1-a\cdot\mathrm{e}^{(-T_W/T_1)} \qquad (1\text{-}13)$$

$$K_2(t,T_2)=\mathrm{e}^{(-t/T_2)} \qquad (1\text{-}14)$$

$$K_3(t,T_E,D)=\mathrm{e}^{(-\gamma^2\cdot G^2\cdot T_E^2 D\cdot t/12)} \qquad (1\text{-}15)$$

式中，γ 为旋磁比；G 为磁场梯度；D 为孔隙流 q 体的扩散系数。$K_1(T_W,T_1)$ 核函数也称为极化因子，对于反转恢复法，$a=2$；对于饱和恢复法，$a=1$。假设 G 在空间和时间上都是常数，因此核函数 $K_3(t,T_E,D)$ 中不包含 G 变量，当 G 在空间上不是常数时，其影响包含在扩散系数 D 中。

可以看出，无论是一维核磁共振谱方程还是二维、三维核磁共振谱方程，都可以写成相似的离散形式，只不过高维核磁共振谱方程的离散形式是一维核磁共振谱方程离散形式的张量运算编辑，其数据量要远远大于一维核磁共振谱方程离散个数。下面给出三维核磁共振谱方程的离散形式，一维核磁共振谱方程和二维核磁共振谱方程的离散形式就不再赘述。

式（1-13）～式（1-15）写成离散形式为

$$b_{iks}=\sum_{j=1}^{m}\sum_{r=1}^{n}\sum_{l=1}^{p}f_{jrl}[1-a\cdot\exp(-T_{W,s}/T_{1,r})]\exp(-t_i/T_{2,j})\exp(-\frac{1}{12}\gamma^2 G^2 T_{E,k}^2 D_l t_i)+\varepsilon_{iks}$$
$$(1\text{-}16)$$

式中，$i=1,2,\cdots,N_{E,k}$，$N_{E,k}$ 为在时刻 t_i 采集的回波数；$k=1,2,\cdots,q$，q 为不同回波间隔 $T_{E,k}$ 回波串数；$s=1,2,\cdots,w$，w 为不同等待时间 $T_{W,s}$ 下的回波串数；m 为预选的 T_2 弛豫基的个数；n 为预选的 T_1 弛豫基的个数；p 为预选的扩散系数的个数；G 为磁场梯度；b_{iks} 为等待时间 $T_{W,s}$、回波间隔 $T_{E,k}$ 的第 i 个回波的幅度；ε_{iks} 为噪声；f_{rlj} 为横向弛豫时间 $T_{2,r}$、扩散系数 D_l、横向弛豫时间 $T_{2,j}$ 的信号幅度。

式（1-16）也可以写成如下简化形式：

$$b_{iks}=K_{iks,rlj}f_{rlj}+\varepsilon_{iks} \qquad (1\text{-}17)$$

$$K_{iks,rlj}=\left[1-\alpha\cdot\exp^{-T_{W,s}/T_{1,r}}\right]\exp\left(-\frac{1}{12}\gamma^2 G^2 T_{E,k}^2 D_l t_i\right)\exp\left(-t_i/T_{2,i}\right) \qquad (1\text{-}18)$$

通过求取上述线性方程组，就可以得到横向弛豫时间 $T_{2,r}$、扩散系数 D_l、横向弛豫时间 $T_{2,j}$ 的信号幅度 f_{rlj}，以（T_1，T_2，D）图的形式表现出来，就可以进行流体分析与评价。

1.4 核磁共振成像测井

1.4.1 核磁共振测井基本原理

核磁共振测井技术的物理基础是利用氢原子核（质子）自身的磁性及其与外加磁场的相互作用。由于氢核具有相对较大的磁矩，并且岩石孔隙内水和烃中都富含氢核。通过调节核磁测井仪器的发射频率至氢核的共振频率，可使测量信号最强，并被测量出来。

地层中的氢核在做无规律热运动的同时，本身还要自旋，自旋产生核磁矩即具有磁性。在没有外加磁场时，大量的核磁矩随机取向，宏观上不表现出磁性［图1-3（a）］。当电缆拖着核磁共振测井仪器通过地层时，仪器中的永久磁铁产生的静磁场 B_0 将使所有核磁矩顺着静磁场方向排列［图1-3（b）］，并绕 B_0 以 Larmor 频率运动（图1-4），从而在宏观上产生一个净磁化矢量。这时在垂直 B_0 方向施加频率等于氢核 Larmor 频率的射频脉冲，氢核将吸收能量发生核磁共振，即从低能态跃升至高能态，而磁化矢量也将反转90°。将所加射频脉冲关掉，磁化矢量也将重新回到与 B_0 一致的方向，此过程中氢核将把共振时吸收的能量释放出来，从高能态恢复到低能态，这一过程称为核磁共振弛豫。通过测量氢核的弛豫时间，便可探测地层岩石和岩石中流体的有关信息。

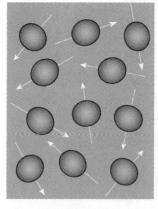
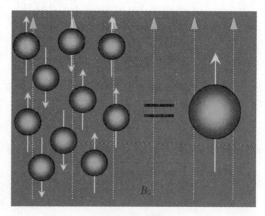

（a）磁场作用前　　　　　　　　　　　（b）磁场作用后

图1-3 氢核在磁场作用前后的情形

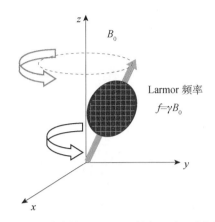

图 1-4　单个核子 Larmor 频率运动示意图

氢核弛豫信号的大小与地层孔隙度成正比，其横向弛豫时间 T_2 与孔隙大小和流体特性有关。也就是说，核磁共振测井是通过测量地层孔隙流体中氢核的核磁共振弛豫性质来探测地层孔隙特性和流体特性的。

目前的核磁共振测井技术均采用美国洛斯阿拉莫斯国家实验室 Jasper Jackson 博士提出"Inside-Out"技术：在井眼中（inside）放一组磁铁，在井眼外（outside）地层中建立一定范围内均匀的强磁场，从而实现对地层有效信号的测量。常用的核磁共振测井仪器结构如图 1-5 所示，其中图 1-5（a）为哈里伯顿公司所研发的 MRIL 系列核磁共振测井的磁体与探测的敏感体积的范围。这种仪器的测量方式为居中测量，探测深度约 22cm（从井轴算起），纵向分层能力为 24in[①]，约 0.6m，仪器直径约 6in，适用的井眼为 7.5～13in；图 1-5（b）为斯伦贝谢公司所研发的 CMR 系列核磁共振测井的磁体与探测的敏感体积的范围，其探测深度约 2.5cm（从井壁起），纵向分层能力为 15cm，仪器直径约 6in，适用的井眼为 5.3～6.6in；图 1-5（c）为贝克休斯公司所研发的 MREX 系列核磁共振测井磁体与探测的敏感体积的范围，其探测深度与纵向分层能力与 CMR 仪器相似。而且，针对井眼大小，MRIL、CMR、MREX 三项核磁共振测井技术均能提供两种规格的测井仪器。在这三种技术中，MRIL 核磁共振测井仪器为居中测量，CMR 和 MREX 核磁共振测井仪器为贴井壁测量（或称极板型仪器）。

1.4.2　核磁共振测井观测方式与采集成果

1. 核磁共振测井观测方式

根据油、气、水核磁共振性质的差异和识别油气水的需要，核磁共振测井仪

---

① 1in=2.54cm。

器通常有三种基本的观测方式，分别是标准 T_2 测井、双 T_W 测井和双 T_E 测井。

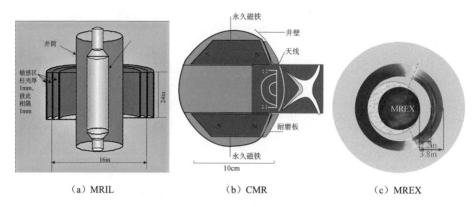

（a）MRIL　　　　　　（b）CMR　　　　　　（c）MREX

图 1-5　三种核磁共振测井仪器示意图

1）标准 T_2 测井

标准 T_2 测井主要提供核磁共振总孔隙度、有效孔隙度、自由流体体积、束缚流体体积、黏土束缚水体积等。图 1-6 为标准 T_2 测井示意图。例如，胜利油田储层条件和仪器的设计指标，选取等待时间 T_W 为 3.0～4.0s、回波间隔 T_E 为 1.2ms、回波个数 N_E 为 300 个可满足要求（对 MRIL-P 型仪器，T_E=0.6ms，$N_E \geqslant 500$ 个）。

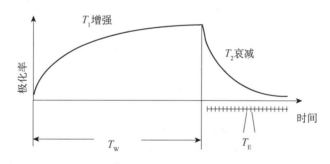

图 1-6　标准 T_2 测井示意图

2）双 T_W 测井

根据油、气、水具有不同的弛豫响应特征，采用不同的等待时间进行测量，可反映出流体性质在核磁共振测井响应上的差异：在短等待时间 T_{WS} 里，水信号完全恢复，烃信号不能完全恢复；在长等待时间 T_{WL} 里，水信号完全恢复，烃信号也能完全恢复。将两种等待时间（T_{WS} 和 T_{WL}）测量的 T_2 分布相减，可基本消除水的信号，突出烃的信号，从而达到识别油气水层的目的。一般选 T_{WS} 为 1.5s，T_{WL} 为 8.0～12.0s 可满足要求。

在核磁共振测量的双 T_W 观测方式需要一个长等待时间 T_{WL}、一个短等待时间

T_{WS}，以及相同的回波间隔 T_E。典型的等待时间对是 T_{WL} 为 8.0s，T_{WS} 为 1.0s，T_E 为 0.9ms 或 1.2ms。图 1-7 说明了双 T_W 测井的原理，其中（a）和（b）分别展示了用频率 f_1、f_2 进行极化和回波采集的过程。在图 1-7 中，短等待时间回波串以频率 f_1 进行采集，长等待时间回波串以频率 f_2 进行采集。在短等待时间里，地层水中质子完全极化，但饱和轻质油中的质子只是部分极化。在长等待时间里，除地层水中质子完全极化外，轻质油中的质子的极化率比在短等待时间里更大。双 T_W 测井结果的差别是储层含烃造成的。图 1-7（c）为两回波串对应的 T_2 分布，清楚地指示了不同流体的特征。

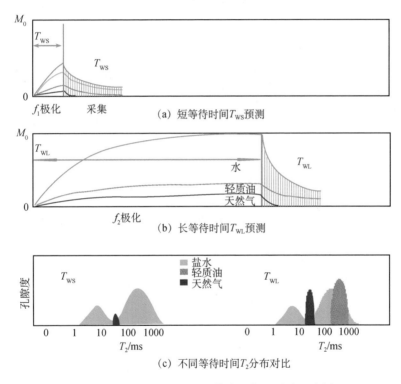

（a）短等待时间 T_{WS} 预测

（b）长等待时间 T_{WL} 预测

（c）不同等待时间 T_2 分布对比

图 1-7　核磁测井双 T_W 观测模式及其 T_2 分布示意图

3）双 T_E 测井

油、气、水具有不同的扩散系数，在梯度磁场中对 T_2 时间及其分布的影响程度不一样，从式（1-7）可以看出，增加回波间隔 T_E，将导致 T_2 减小，T_2 分布将向减小的方向移动（移谱）。在油、气、水三相流体中，气的扩散系数最大，T_2 减小最明显；轻质油的扩散系数较大，T_2 减小也较为明显；水的扩散系数比气和轻质油都小，T_2 减小较不明显；重质油的扩散系数最小，T_2 减小最不明显。若采

用长短两种 T_E 测井，对比其 T_2 分布变化的程度，即进行移谱分析，可以区分油气水的存在（图 1-8）。

除了上述三种基本的观测方式，还有多 T_W、多 T_E 等观测方式，如对 MRIL-P 型核磁仪器来说，D9TWE 就是这样的观测方式，其含义为等待时间为 9s、短回波间隔为 0.9ms、长回波间隔为 2.7ms。对于二维核磁共振测井来说，通常是同一等待时间下，采用多个回波间隔，称为（T_2，D）二维核磁共振测井，或者在多个等待时间下，用同一回波间隔采集，称为（T_2，T_1）二维核磁共振测井。

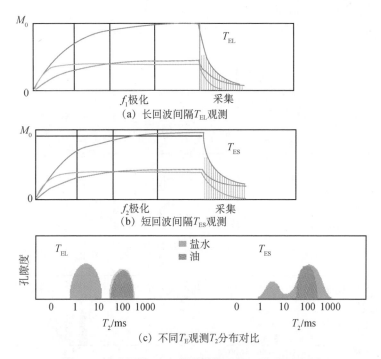

(a) 长回波间隔 T_{EL} 观测

(b) 短回波间隔 T_{ES} 观测

(c) 不同 T_E 观测 T_2 分布对比

图 1-8　核磁测井双 T_E 观测模式及其 T_2 分布示意图

2. 核磁共振测井初步采集成果

依据测前设计观测方式及其参数进行资料采集时，核磁共振测井直接测量岩石孔隙中的流体。其原始数据是由几百个自旋回波组成的 T_2 弛豫衰减曲线，通过对回波串的多指数拟合反演，可直接得到以下地层信息和地质参数（图 1-9）：

（1）反映地层孔隙结构、水流动特性的标准 T_2 分布；

（2）对应长等待时间、短等待时间的 T_2 分布或对应长回波间隔、短回波间隔的 T_2 分布；

（3）地层总孔隙度 MSIG；

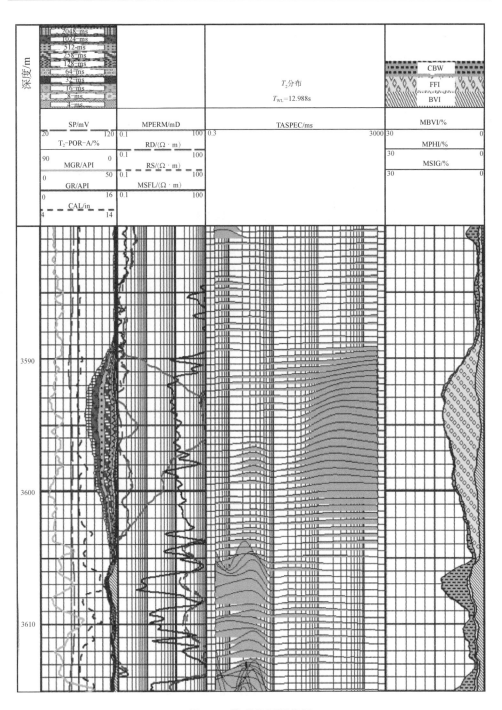

图 1-9　核磁共振测井图

（4）地层有效孔隙度 MPHE 或 MPHI；

（5）自由流体体积 MBVM 或 FFI；

（6）毛管束缚水体积 MBVI 或 BVI；

（7）黏土束缚水体积 MCBW 或 CBW；

（8）核磁有效渗透率 MPERM。

目前，国内外核磁共振测井有关的研究工作还包括：①核磁共振的基础实验研究，可为核磁共振测前设计、测井资料处理算法，以及储层孔隙度、渗透率和束缚水饱和度的计算提供理论依据。②发展新的核磁共振反演算法，旨在提高反演弛豫谱的分辨率、稳定性和可靠性。③研究和解决储层流体识别与评价问题，尤其是在低阻油气层、低孔低渗油气层、复杂砂泥岩地层、稠油储层中（Coates *et al.*，1999；肖立志，1998）。

第 2 章　核磁共振测井数据处理方法

核磁共振测井数据处理包括数据预处理和回波反演两个部分。核磁共振数据预处理是整个核磁共振数据处理中的第一步，该过程包括回波合成和回波信号滤波，前者是目前仪器通用的基本处理技术，后者是针对回波信号合成质量而改善提高的处理技术。此外，回波反演是核磁共振测井数据处理的重要一环，反演质量的好坏决定了核磁共振测井解释成果。

2.1　回波信号预处理方法

2.1.1　回波信号合成

核磁共振测井探测的是 CPMG 脉冲序列，典型的 CPMG 脉冲序列通常有成千上万的自旋回波信号，需要测量和存储这些自旋回波信号的峰值，记录方式有单道检测法和正交通道检测法（Coates *et al.*，1999；邓克俊，2010）。

单道检测法只能探测接收到的射频信号与射频脉冲载频之间的差异大小，并不能识别差异的正负符号。因此在傅里叶变换后，载频两侧对称的差异频率会出现混叠现象，在测量区域之外的信号就会发生折叠，通常其相位不确定。由于不能确定相位差，所以核磁共振测井中不能使用单通道检测法，通常使用正交通道检测法。正交通道检测法中，输入的检测信号被送到两个同样的相敏检测器中，这两个检测器的参考信号相差 90°。合成声频信号被放大，然后通过低通滤波器，经过多元模数转换器数字化并存储在单独的数据存储区中。正交傅里叶变换与单道检测法都以同样的方式产生实部和虚部，所不同的是正交通道检测法可以区分相对于射频载频的正频率和负频率。在自旋回波下有

$$R(t) = \sum x_i(t)\cos(\omega_i t - \phi) \qquad (2\text{-}1)$$

$$I(t) = \sum x_i(t)\sin(\omega_i t - \phi) \qquad (2\text{-}2)$$

式中，$R(t)$ 为 t 时刻的实部；$I(t)$ 为 t 时刻的虚部，实部和虚部在两个相敏检测器中形成；ω_i 为采样的第 i 个脉冲频率；x_i 为脉冲频率 ω_i 下的脉冲幅度；ϕ 为脉冲的初始相位，当 $\phi = 0$ 时，实部采集存储的为自旋回波的峰值点，虚部存储的为自旋回波的直流基线。

通常情况下，相位角 ϕ 不是 0，存储的两道数据会产生振铃现象和基线偏移。为了消除振铃现象和基线偏移，采集作业中采用成对采集 CPMG 测量值，称为交叉相位法（PAPs）。对于某一同频率的 CPMG 信号，连续两个 90°射频脉冲将磁化矢量扳转 0°和 180°，形成正、负方向的 CPMG 信号。初始 0°相位与初始 180°相位测量信号可以表示为

$$\text{CPMG}_0 = x(t) + \text{offset} + n_0(t) \tag{2-3}$$

$$\text{CPMG}_{180} = -x(t) + \text{offset} + n_{180}(t) \tag{2-4}$$

$$x(t) + n(t) = (\text{CPMG}_0 - \text{CPMG}_{180}) / 2 \tag{2-5}$$

$$\text{offset} + n(t) = (\text{CPMG}_0 + \text{CPMG}_{180}) / 2 \tag{2-6}$$

式中，CPMG_0、CPMG_{180} 分别为初始相位 $\phi=0°$、$\phi=180°$ 的脉冲信号幅度；offset 为基线偏移量；$n_0(t)$、$n_{180}(t)$ 为与记录信号 $x(t)$ 同步的 0°、180°相位信号的噪声。式（2-5）用于消除基线偏移，式（2-6）用于估算噪声水平。

在测量信号叠加前，需要进行信号的散相校正：

$$\text{CPMG}_0 = x(t) \cdot \cos(\omega t) + \text{offset} + n_0(t) \tag{2-7}$$

$$\text{CPMG}_{180} = -x(t) \cdot \cos(\omega t) + \text{offset} + n_{180}(t) \tag{2-8}$$

式中，ω 为脉冲共振频率。

2.1.2　回波信号滤波

回波信号的采集不可避免地要受到仪器设备和井下环境噪声的影响，记录到的回波信号带有很强的噪声，给反演解译工作带来极大的不确定性。低信噪比核磁共振 T_2 分布反演一直是油田测井工作者所研究和关心的问题，当信噪比小于 5 时，直接反演便不能得出可靠的 T_2 分布（谢庆明等，2010；林峰等，2011；李鹏举等，2012；肖立志等，2012）。Hansen（1990）针对噪声影响的强度给出了离散的 Picard 条件，说明当信噪比低于 5 时，回波信号与弛豫谱满足的第一类 Fredholm 积分方程所反映的模型已经完全不满足离散 Picard 条件，也就是说因为噪声的影响单从数学角度不能反演出真实可靠的信息，必须对数据滤波（肖立志等，2012）。

翁爱华等（2004）在地面核磁共振反演中提出将基线偏移作为独立的参数参与反演，同时结合时间依赖滤波技术，提高了长弛豫信息反演的准确性，该方法将噪声影响合理地抽象成反演参数并参与反演与校正，但是没能在小孔隙信息恢复上得到有效校正。Ma 等（2011）提出了改进的分窗小波降噪方法，并与中值滤波、普通小波滤波和 FIR 滤波的降噪效果进行了对比，得出改进的分窗小波降噪方法能够更好地提高带噪信号的信噪比，但在反演信息准确恢复上缺乏进一步验

证。Ahmed（2007）提出了 SLFT（stable linear time-frequence transforms）方法通过限制和平均变换系数实现了对分子药物核磁数据成像上的降噪，对于低磁场高噪声核磁测井数据，该方法目前仅具有借鉴意义。

1. 回波信号分解

设核磁共振采集的回波信号为 X，对应的 T_2 分布为 F。X 可以分解为多项叠加的形式，如式（2-9）所示分解为 X_1 和 X_2，相应的 T_2 分布为 F_1 和 F_2，与 F 的关系如下：

$$X=X_1+X_2 \tag{2-9}$$

$$F=F_1+F_2 \tag{2-10}$$

式（2-9）称为回波信号分解，这样的分解处理是有意义的：对于低信噪比回波信号，回波信号的有效分解，能够保证更多的有效信息与噪声信号分离，提高主要信息在反演处理中恢复的准确性。

图 2-1（a）给出了 100 个样本（$N=100$）的回波信号 X 分解图示，X 分解为 X_1 和 X_2 两个信号，满足式（2-9）。图 2-1（b）给出了相应的 T_2 分布，从左往右依次是 X、X_1 和 X_2 对应 T_2 分布，满足式（2-10）。

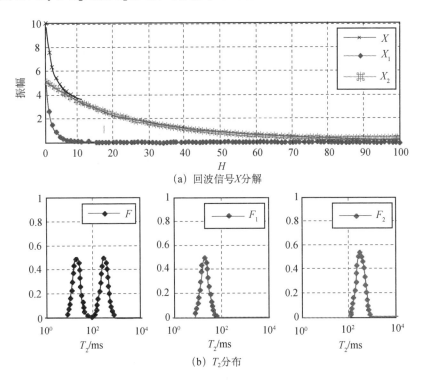

(a) 回波信号 X 分解

(b) T_2 分布

图 2-1　回波信号分解

2. 滤波处理方法

1）SVD 滤波原理

对于一个 $m \times n$ 维的信号矩阵 A，对其进行奇异值分解（singular value decomposition，SVD）有（Kalman，1996）

$$A = U \cdot S \cdot V^{\mathrm{T}} \tag{2-11}$$

式中，U 为 $m \times m$ 维正交矩阵；S 为 $m \times n$ 维似对角矩阵；V 为 $n \times n$ 维正交矩阵。当 $m=n$ 时，$S = \Sigma$；当 $m<n$ 时，$S = [\Sigma_{m \times m} \quad O_{m \times (n-m)}]$；当 $m>n$ 时，$S = [\Sigma_{n \times n} \quad O_{(m-n) \times n}]^{\mathrm{T}}$。$O_{m \times (n-m)}$ 为 $m \times (n-m)$ 维零矩阵，$O_{(m-n) \times n}$ 为 $(m-n) \times n$ 维零矩阵。$\Sigma = \mathrm{diag}(\sigma_1, \sigma_2, \cdots, \sigma_p, \cdots, \sigma_r)$ 为非负对角矩阵，它的对角元素由从大到小排列的奇异值构成。

通常，没有噪声的信号矩阵的秩很小，而含噪声的信号矩阵是一个满秩矩阵。受噪声的影响，起初排列靠后很小的奇异值会变得很大，SVD 滤波原理就是将排列在某一奇异值之后所有奇异值置零，通过重构信号矩阵来达到降噪的目的。

为了描述置零奇异值分界点的选取，定义重构信号矩阵的能量比为

$$\eta = \sum_{i=1}^{p} \sigma_i \bigg/ \sum_{i=1}^{r} \sigma_i \tag{2-12}$$

式中，p 为置零奇异值的分界点，σ_p 以后的奇异值将被置零；η 为输出信号占总能量的比例。在实际处理中，为了获取最优滤波信号，往往根据信号矩阵奇异值分布曲线的拐点来选取 p 的位置，此时得到的能量比称为最优能量比。

2）构建信号矩阵

对于核磁共振回波数据 X，它由 N 个等间隔采样点构成，表示为

$$X = [x(t_1), x(t_2), \cdots, x(t_i), \cdots, x(t_N)] \tag{2-13}$$

考虑噪声影响，令 S 表示期望信号，N_o 表示噪声，S 和 N_o 与 X 具有相同的采样形式，式（2-13）改写为

$$X = S + N_o \tag{2-14}$$

根据回波信号与 Hankel 矩阵的构建关系，令回波信号的 Hankel 矩阵作为反映该回波信息的矩阵，称为信号矩阵。回波信号 X 的信号矩阵 H 如式（2-15）所示，信号 S 和噪声 N_o 也可以写出自己的信号矩阵，它们之间有如下关系：$H = H_s + H_n$，H_s 和 H_n 分别为 S 和 N_o 对应的信号矩阵。

$$H = \begin{bmatrix} x(1) & x(2) & \cdots & x(R) \\ x(2) & x(3) & \cdots & x(R+1) \\ \vdots & \vdots & & \vdots \\ x(L) & x(L+1) & \cdots & x(N) \end{bmatrix} \tag{2-15}$$

信号矩阵大小的选取应满足 $\min(R,L) > \mathrm{rank}(H)$ ，对于数据样本大的信号，构建信号矩阵应尽可能减少行或列的维数，来减少计算量。信号矩阵通过式（2-16）计算可以恢复相应回波信号：

式中，$g = \max(1, i - R + 1)$ ；$k = \min(i, N - R + 1)$ 。

$$x(i) = \frac{1}{k - g + 1} \sum_{j=1}^{k} H(i - j + 1, j) \qquad (2\text{-}16)$$

3）算法流程

回波信号的 SVD 滤波处理包含三个步骤：①构建信号矩阵，利用式（2-15）构建待处理回波信号的信号矩阵；②重构矩阵，根据滤波目的选择合适的能量比，得到降噪后的信号矩阵；③重构信号，由回波信号滤波后的矩阵经过式（2-16）得到重构信号，此时的重构信号即为经过 SVD 滤波处理后的回波信号。SVD 滤波算法流程如图 2-2 所示。

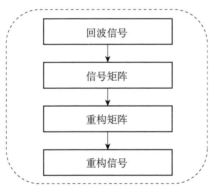

图 2-2　SVD 滤波算法流程

2.2　回波信号反演方法

2.2.1　基本原理与多指数拟合

1. 基本原理

核磁共振测井的原始数据是由几百个自旋回波组成的 T_2 弛豫衰减曲线，通过对回波串的多指数拟合反演，可直接得到表征孔隙特征的 T_2 分布和各孔隙体积的大小，在已知截止值的情况下可以提供自由流体体积和束缚流体体积，并进一步确定渗透率。

储集层的岩石孔隙通常由大小不同的孔隙和多相流体组成。因此，用 CPMG 序列测量横向弛豫时得到的自旋回波串并非呈单指数衰减，而是多个指数衰减的

和，可表示为

$$M(t) = \sum M_i(0)\mathrm{e}^{-\frac{t}{T_{2i}}} \tag{2-17}$$

式中，$M(t)$ 为 t 时刻的磁化强度；$M_i(0)$ 为第 i 种弛豫组分的磁化强度；T_{2i} 为第 i 种弛豫组分的 T_2 弛豫时间常数。

对单一孔隙来说，其磁化强度呈单指数衰减：

$$M(t) = M_0 \mathrm{e}^{-\rho_2(\frac{S}{V})t} \tag{2-18}$$

当孔隙结构由大小不同的孔隙组成时，$M(t)$ 呈多指数衰减：

$$M(t) = \sum M_{0i}\mathrm{e}^{-\rho_2(\frac{S}{V})_i t} \tag{2-19}$$

式中，$(S/V)_i$ 为第 i 种孔隙的比表面积，显然：

$$M(0) = \sum M_{0i} \tag{2-20}$$

M_0 与孔隙中流体的体积成正比。在车间刻度时，如果 100% 含水的磁化强度已知，则测量的孔隙度可由式（2-21）计算：

$$\phi = \frac{M(0)}{M_{100\%(0)}} = \frac{\sum M_{0i}}{M_{100\%(0)}} = \sum \frac{M_{0i}}{M_{100\%}(0)} = \sum \phi_i \tag{2-21}$$

式中，ϕ 为计算的孔隙度；ϕ_i 为与第 i 种孔隙组分有关的孔隙度代数和。如果孔隙中含水、油、气三相流体，则油、气对磁化强度也有贡献，则磁化强度表示为

$$M(t) = \sum M_{0i}\mathrm{e}^{-\rho_2(\frac{S}{V})_i t} + M_\mathrm{o}\mathrm{e}^{-\frac{t}{T_{2\mathrm{o}}}} + M_\mathrm{g}\mathrm{e}^{-\frac{t}{T_{2\mathrm{g}}}} \tag{2-22}$$

式中，M_o 为油产生的磁化强度；M_g 为气产生的磁化强度；$T_{2\mathrm{o}}$ 为 CPMG 序列测量的油的 T_2 值；$T_{2\mathrm{g}}$ 为 CPMG 序列测量的气的 T_2 值。

2. 回波数据多指数拟合

NMR 数据处理过程中最重要的问题是从回波串反演得到 T_2 分布。这一步称为回波拟合或反演。图 2-3 为这一过程的示意图。

根据核磁共振理论分析，岩石核磁共振中测得的总磁化强度信号 $M(t)$ 是一系列大小不等的孔隙的磁化强度信号的叠加，同时，在实际测井过程中不可避免地要受到噪声的影响。假设观测到回波有 n 个，弛豫组分有 m 种，可以写出联立方程组：

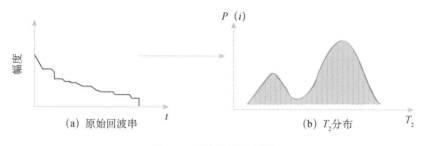

图 2-3　回波反演示意图

$$M(1) = \sum_{i}^{m} P_i \cdot e^{-\frac{t(1)}{T_{2i}}} + \varepsilon(1)$$

$$M(2) = \sum_{i}^{m} P_i \cdot e^{-\frac{t(2)}{T_{2i}}} + \varepsilon(2)$$

$$\cdots \tag{2-23}$$

$$M(n) = \sum_{i}^{m} P_i \cdot e^{-\frac{t(n)}{T_{2i}}} + \varepsilon(n)$$

$$t(j) = j \cdot T_E \quad j = 1, 2, 3, \cdots, n$$

式中，P_i 为第 i 种孔隙在总孔隙中所占的份额；T_{2i} 为第 i 种孔隙的 T_2 弛豫时间，即反演所用的 T_2 弛豫时间布点或基；T_E 为回波间隔；$\varepsilon(j)$ 为随机噪声（j=1，2，3，$\cdots$，n）。

写成向量形式为

$$y = Mp + \varepsilon \tag{2-24}$$

式中，y 为 n 个元素的列向量；M 为 $m \times n$ 矩阵；p 为 m 个元素的列向量；ε 为 n 个元素的列向量，表示白噪声对观测回波的贡献。

核磁共振数据多指数拟合的关键是如何从方程中求解出各类孔隙 T_2 弛豫时间以及孔隙在总孔隙中所占的份额，这就是通常所说的 T_2 分布。

2.2.2　反演方法

T_2 反演算法是核磁共振回波处理中的关键。1971 年，Jeener 首先提出了核磁共振二维傅里叶变换思想。1974 年，Ernst 实现了第一张二维核磁共振谱。2002年，Song 等发展了快速二维拉普拉斯逆变换，并利用 T_1 编辑脉冲序列进行了实验测量，得到了完全饱和水岩样的（T_1，T_2）二维分布。2002 年，美国雪佛龙公司的 Sun 和 Dunn 以及斯伦贝谢公司道尔研究中心的 Hurlimann 和 Venkataramanan等分别提出了利用两个窗口改进的自旋回波脉冲序列 CPMG，实现了弛豫为扩散

（D，T_2）分析的二维核磁共振测井，极大地提高了流体识别和饱和度计算的精度（Hurlimann and Venkataramnan，2002；Sun *et al.*，2003；Sun and Dunn，2005a，2005b）。

Wang 等（2001）利用传统的 SVD 反演了二维核磁共振模型，得出传统的 SVD在信噪比低于 80 时不能有效反演谱信息；Jiang 等（2005）、顾兆斌和刘卫（2007）、顾兆斌等（2009）、李鹏举等（2011）改进了 SVD 对核磁共振二维谱进行反演，实现了二维谱的连续反演；Sun 和 Dunn（2005a）针对实验室油水模型数据反演问题，提出了全局反演算法，实现了三维核磁谱的快速构建，极大地简化了庞大的反演数据结构并减少了冗长的计算；Venkataramanan 等（2002）针对一类两个 2.5 维（2D 和 2.5D）第一类 Fredholm 型积分，提出了 BRD（butler reeds dawson）算法（Thamban and Pereverzev，2007；肖立志等，2012），该方法转换非负约束条件的优化问题为无约束的优化问题，使得第一类 Fredholm 型积分反演能够快速收敛到最优，压缩后的数据通常是原始数据的千分之一，使多维核磁共振数据反演得以实现。

1. LSQR 算法

LSQR 算法是 Paige 和 Sanders 于 1982 年提出的一种利用 Lanczos 迭代法求解最小二乘问题的方法。该方法计算量小，且能很容易地利用矩阵的稀疏性简化计算，因而适合求解大型稀疏矩阵问题。

方程 $\boldsymbol{Ax} = \boldsymbol{b}$ 的最小二乘问题 $\min \| \boldsymbol{Ax} - \boldsymbol{b} \|^2$ 可以通过双对角化来求解。假定 $\boldsymbol{U}_k = [u_1, u_2, \cdots, u_k]$ 和 $\boldsymbol{V}_k = [v_1, v_2, \cdots, v_k]$ 是正交矩阵，且 $\boldsymbol{B}_k$ 为如下的 $(k+1) \times k$ 的下双角矩阵：

$$\boldsymbol{B}_k = \begin{bmatrix} \alpha_1 & \cdots & \cdots \\ \beta_2 \alpha_2 & \cdots & \cdots \\ \cdots & \cdots & \cdots \\ \cdots & \cdots & \alpha_k \\ \cdots & \cdots & \beta_k \end{bmatrix} \tag{2-25}$$

用下列迭代方法可实现矩阵 $\boldsymbol{A}$ 的双对角分解：

$$\left. \begin{array}{l} \beta_1 u_i = b, \alpha_i v_i = \boldsymbol{A}^{\mathrm{T}} u_i \\ \beta_{i+1} = \boldsymbol{A} v_i - \alpha_i u_i \\ \alpha_{i+1} v_{i+1} = \boldsymbol{A}^{\mathrm{T}} \beta_{i+1} v_{i+1} \end{array} \right\} i = 1, 2, \cdots \tag{2-26}$$

其中，$\alpha_i = 0$，$\beta_i = 0$。$\| u_i \| \equiv \| v_i \| = 1$。式（2-26）可写成如下形式：

$$\begin{cases} \boldsymbol{U}_k(\beta_1 e_1) = b \\ \boldsymbol{A}\boldsymbol{V}_k = \boldsymbol{U}_{k+1}\boldsymbol{B}^k \\ \boldsymbol{A}^{\mathrm{T}}\boldsymbol{U}_{k+1} = \boldsymbol{V}_k\boldsymbol{B}_k^{\mathrm{T}} + \alpha_{k+1}v_{k+1}e_{k+1}^{\mathrm{T}} \end{cases} \tag{2-27}$$

其中，e_{k+1}^{T} 表示 n 阶单位矩阵的第 $k+1$ 行，再设

$$\alpha_k = \boldsymbol{V}_k y_k, r_k = b - \boldsymbol{A}\alpha_k, t_{k+1} = \beta_1 e_1 - \boldsymbol{B}_k y_k \tag{2-28}$$

可以确定

$$r_k = b - \boldsymbol{A}x_k = \boldsymbol{U}_{k+1}(\beta_1 e_1) - \boldsymbol{A}\boldsymbol{V}_k y_k = \boldsymbol{U}_{k+1}(\beta_1 e_1) - \boldsymbol{U}_k \boldsymbol{B}_k y_k = u_{k+1}t_{k+1} \tag{2-29}$$

由于我们希望 $\|r_k\|$ 尽量小，且 $\boldsymbol{U}_{k+1}$ 理论上是正交矩阵，取 y_k 使 $\|t_k + 1\|$ 最小。解最小二乘问题 $\min\|\beta_1 e_1 - \boldsymbol{B}_k y_k\|$，这就构成了 LSQR 算法的基础。

2. TSVD 算法

SVD 算法可用来求解大多数的线性最小二乘问题。SVD 算法给出是 $\|\boldsymbol{A}x - b\|_2$ 最小意义下的一个最优解，但不满足非负约束条件。截断奇异值分解（truncated singular value decomposition，TSVD）算法通过缩减 $\boldsymbol{A}$ 迭代求解，降低了解的维数，丢掉了振荡最厉害的那部分的解分量，提高了运算速度。

假设已知一个初始解 x_0，令 $b_0 = \boldsymbol{A}x_0$，原方程可写为 $\boldsymbol{A}(x - x_0) = b - b_0$，即 $\boldsymbol{A}\Delta x = \Delta b$。若求得 $\|\boldsymbol{A}\Delta x - \Delta b\|_2$ 最小意义下的最优解 Δx，则 $x_0 + \Delta x$ 就是 $\|\boldsymbol{A}x - b\|_2$ 最小意义下的最优解 x。由于是求解 Δx，因此在实现非负约束时，只将 $x < 0$ 的分量改为零，重新迭代计算 Δx，直到 x 所有分量都满足非负约束，以计算 Δx 和 Δb 代替了 $\boldsymbol{A}$ 矩阵的奇异值分解过程。在求解过程中，$\boldsymbol{A}$ 矩阵只需进行一次奇异值分解，这样大大减少了计算量从而减少计算时间。

3. BRD 算法

在核磁共振数据反演中，模（或幅度）平滑问题为

$$\min\left\{\phi(f) = \frac{1}{2}\|\boldsymbol{A}f - b\|_2^2 + \frac{\alpha}{2}\|f\|_2^2\right\} \tag{2-30}$$

式中，$\boldsymbol{A}$ 为核矩阵；b 为回波串数据；f 为待求解的 T_2 谱；α 为正则化参数。

对于非负约束的模平滑目标函数求解，通常采用 BRD 算法，该方法由 Butler、Reeds、Dawsons 于 1981 年提出。

目前，主要有两种方式实现 BRD 算法，第一种方法是由 Dunn 等（1994）提出，其方法步骤如下：

（1）固定 α，可以找到 c，使它满足：

$$\left(M_{ij} + \alpha\delta_{ij} \right)c_j = b_i \tag{2-31}$$

式中，$M_{ij} = \sum_{x=1}^{n} A_{ix}A_{jx}$ 。

（2）f_x 为

$$f_x = \max\left(0, \sum_{i=1}^{m} c_i A_{ix} \right) \tag{2-32}$$

（3）然后重新计算矩阵元 $M_{ij} = \sum_x{}' A_{ix}A_{jx}$ ，这次仅仅对使 $\sum_{i=1}^{m} c_i A_{ix}$ 为正值的 x 进行求和。新的 M_{ij} 用于步骤（1）求解新的 c 。

（4）重复上述步骤，直到 c 停止改变，由步骤（2）给出 f_x 的最终值。

这种方法通常很有效，但有时步骤（1）中的方程直接迭代可能无法求解。此时可用 Butler 等（1981）提出的第二种方法求解，搜索下述凸函数的最小值：

$$\phi = \frac{1}{2}c^{\mathrm{T}}\left(\hat{M} + \alpha\hat{I} \right)c - c\cdot b \tag{2-33}$$

首先计算

$$\phi' = \frac{\partial\phi}{\partial c_i} = \sum_j \left(\hat{M} + \alpha\hat{I} \right)_{ij} c_j - b_i \tag{2-34}$$

$$\phi'' = \frac{\partial^2\phi}{\partial c_i\partial c_j} = \left(\hat{M} + \alpha\hat{I} \right)_{ij} \tag{2-35}$$

得到新的 c

$$c_{\mathrm{new}} = c_{\mathrm{old}} - \gamma\Delta \tag{2-36}$$

式中，$\Delta = \phi' / \phi''$ 是等比序列 $\left(\dfrac{1}{2}\right)^0$，$\left(\dfrac{1}{2}\right)^1$，$\left(\dfrac{1}{2}\right)^2$，$\cdots$ 中最先满足下述条件的值：

$$\phi\left(c_{\mathrm{new}}\right) < \phi\left(c_{\mathrm{old}}\right) \tag{2-37}$$

通常情况下，当满足：

$$\left\| \left(\hat{M} + \alpha\hat{I} \right)c - b \right\| / \|b\| \leqslant 10^{-6} \tag{2-38}$$

这一任意选定的误差时，停止搜索。

为搜索到 α 最优值，可利用 $\zeta(\alpha)$ 为单调递增函数求取满足式（2-39）的 α_{opt} ：

$$\zeta\left(\alpha_{\mathrm{opt}}\right) = \alpha_{\mathrm{opt}}^2\left(c\cdot c\right) = n\sigma^2 \tag{2-39}$$

2.2.3　处理流程

核磁共振测井采集的回波信号受噪声的影响主要表现为：①在大、中孔隙可动流体成分造成基线偏移，在反演的弛豫谱上基线偏离表现为异常的长弛豫组分，这种影响在核磁数据信噪比较低时尤其明显；②在微、小孔隙束缚流体成分产生畸变，在反演的弛豫谱上表现为跳变的尖锐假峰。提高低信噪比回波信号反演弛豫信息的准确性，就是确保可动流体成分和提高束缚流体成分反演信息的准确恢复。

首先，应用 SVD 滤波高效的信噪分离能力进行回波信号分解，得到高信噪比的回波信号 X_1 和低信噪比的回波信号 X_2，高信噪比的回波信号 X_1 含有大量的 T_2 弛豫信息可以直接反演得到相应的谱分布。其次，低信噪比的回波信号 X_2 严重受到噪声影响，需要再次经过 SVD 滤波提取有用信息，然后反演得到相应的谱分布。最后，根据回波信号分解关系，叠加两部分反演的 T_2 分布作为最终要求取的 T_2 分布。

整个反演流程如图 2-4 所示，处理过程中两次用到 SVD 滤波，实现步骤如下：

（1）反演的回波信号经过 SVD 滤波，实现回波信号的分解。SVD 滤波算法采用低于最优能量比的设置，保证分解得到高信噪比数据 X_1。

（2）根据回波信号分解理论，由 $X_2 = X - X_1$ 计算得到相应的低信噪比回波信号 X_2。

（3）回波信号 X_2 含有较高噪声，经 SVD 滤波采用高于最优能量比的设置，保证有用信息不被丢失。

（4）回波信号反演。经 SVD 滤波后的数据，反演后得到相应的 T_2 分布（F_2）和 T_2 分布（F_1）。

（5）反演谱的叠加。由 $F = F_1 + F_2$ 计算回波信号 X 的 T_2 分布（F）。

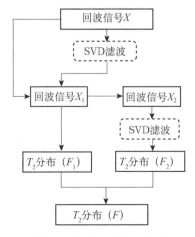

图 2-4　回波信号处理流程

2.3　实例分析

在低孔低渗储集层中，为了获得准确的地层孔隙度，常进行核磁共振测井。A 井的主要目的层为低孔低渗储集层，用 MRIL-Prime 仪器对其进行了核磁共振测井。测井中采用双 T_W 测量模式，采集参数如下：A 组长等待时间 T_{WL}=12.7s，B 组短等待时间 T_{WS}=2.0s，回波间隔和回波数相同，T_E=0.9ms 和 N_E=500。两组回波信号的信噪比 A 组为 2～19，B 组为 1～19，属于低信噪比数据，需要对其进行滤波。图 2-5 为核磁共振测井图，第四、第五道为长等待时间 T_{WL} 和短等待时间 T_{WS} 回波信号的 DPP 反演结果；第六道为 DPP 软件处理的长等待时间 T_{WL} 与短等待时间 T_{WS} 弛豫差谱；第七、第八道为滤波反演方法处理的长等待时间 T_{WL} 和短等待时间 T_{WS} 结果；第九道为滤波反演方法处理的长等待时间 T_{WL} 与短等待时间 T_{WS} 弛豫差谱。可以看出，在 2055～2073m 深度段，滤波反演方法与 DPP 处理结果相比：在小弛豫位置弛豫谱没有出现噪声引起的跳变尖锐峰；在长弛豫位置压制了噪声引起的基线偏移造成的长弛豫组分；在 A 组和 B 组的弛豫谱上能够看到该层段存在大量的束缚流体和可动流体；从第六道和第九道的差谱信息上看，两者处理的差谱信号都很弱，但仍能看出可动流体中含有一定量的烃信号。

在模拟数据和实际数据滤波处理中，基于 Hankel 矩阵的 SVD 滤波方法在确保可动流体成分和提高束缚流体成分在反演信息准确恢复上是非常有效的。

B 井的主要目的层为低孔低渗的火山岩储集层，用 MRIL-Prime 仪器对其进行了核磁共振测井。采用 D9TWE3 测量模式，即 A 组 T_W=12.988s，T_E=0.9ms，N_E=500；B 组 T_W=1.000s，T_E=0.9ms，N_E=500；C 组 T_W=0.02s，T_E=0.6ms，N_E=10；D 组 T_W=12.986s，T_E=0.36ms，N_E=125；E 组 T_W=0.998s，T_E=0.36ms，N_E=125。

图 2-6 是 B 井核磁共振测井数据处理结果。第二、第三、第四道分别为 CIFLog 软件、新方法、DPP 软件反演处理的结果，第五道为深度道，第六、第七、第八道分别为 CIFLog 软件、新方法、DPP 软件计算的总孔隙度、有效孔隙度、可动流体孔隙度结果。处理过程中，T_{2clay} 采用 3.0ms，$T_{2cutoff}$ 采用 33.0ms。从第二、第三、第四道反演结果对比看，新方法处理结果与 CIFLog 软件处理一致，与 DPP 软件处理结果相比，谱的完整性和连续性更好，束缚流体形态更加清楚。从第六、第七、第八道计算的孔隙度对比上看，三者总孔隙度计算一致，分布在 10～30ms。三者有效孔隙度相近，分布在 5～20ms，但可动流体孔隙度较 DPP 计算的要小，可能是 $T_{2cutoff}$ 的取值与 DPP 不同。

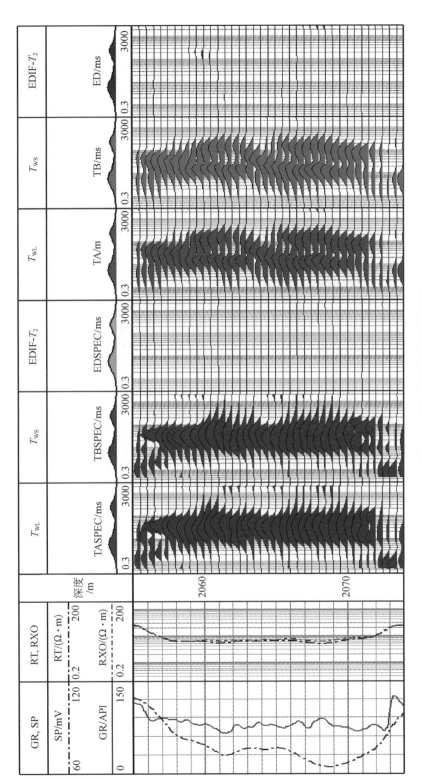

图2-5 A井核磁共振数据处理结果

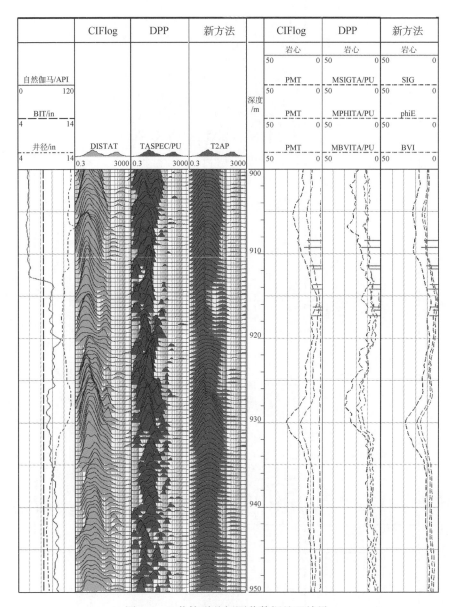

图 2-6　*B* 井核磁共振测井数据处理结果

　　整体上，从两口井处理结果上看，对低信噪比火山岩地层的核磁共振测井数据，处理效果得到了 CIFLog 软件的验证，与 DPP 软件处理结果相比，反演谱完整性和连续性更好，束缚流体形态更加清楚。从孔隙度的计算结果对比上看，三种方法的计算结果一致性好，说明上述方法是可行的。

在实际核磁共振测井中，回波信号不可避免地要受噪声的影响，当信噪比小于 5 时，必须进行滤波。基于 Hankel 矩阵的 SVD 滤波方法能改善低信噪比数据的信噪比，滤波后的反演结果更接近真实情况。同时，当回波信号信噪比大于 20 时，滤波的信噪分离难度加大，滤波处理可能会滤除部分有用信息，建议设置为全通能量滤波或跳过滤波处理。滤波处理改善了在短弛豫位置噪声引起的尖锐峰和在长弛豫位置噪声引起的基线偏移，使反演谱的完整性和连续性更好，孔隙度计算结果更加准确。

第3章 核磁共振测井解释理论与复杂碎屑岩应用

核磁共振测井解释理论是测井解释与评价的核心内容，主要包括总孔隙度、有效孔隙度、可动流体体积、束缚流体体积及渗透率等参数的计算，流体识别方法及碎屑岩储层典型应用等。

3.1 核磁共振测井解释方法

3.1.1 孔隙度计算

核磁共振反演的 T_2 分布经过刻度后反映流体的组分孔隙度分布，根据弛豫组分分布特点能够计算出总孔隙度、有效孔隙度、束缚流体孔隙度等组分孔隙度。

核磁共振总孔隙度（ϕ_t）定义为所有 T_2 组分孔隙度之和，如式（3-1）所示。

$$\phi_t = \sum \phi_i \tag{3-1}$$

有效孔隙度（ϕ_e）定义为除去黏度孔隙度部分的其余孔隙度之和，因此黏土束缚水体积（ϕ_{CBW}）等于总孔隙度减去有效孔隙度。

$$\phi_e = \sum_{T_2 \geqslant T_{2\text{clay}}} \phi_i \tag{3-2}$$

$$\phi_{CBW} = \phi_t - \phi_e \tag{3-3}$$

式中，$T_{2\text{clay}}$ 为黏土孔隙与毛管孔隙的界限值。

仿照有效孔隙度，可动流体孔隙度（FFI）定义为除去毛管束缚流体孔隙度部分的其余孔隙度之和。毛管束缚流体孔隙度（BVI）等于总孔隙度减去可动流体孔隙度。

$$\text{FFI} = \sum_{T_2 \geqslant T_{2\text{cutoff}}} \phi_i \tag{3-4}$$

$$\text{BVI} = \phi_t - \text{FFI} \tag{3-5}$$

式中，$T_{2\text{cutoff}}$ 为毛管孔隙与可动流体孔隙的 T_2 界限值，称为 T_2 截止值，将在下文介绍。

3.1.2　束缚水体积计算

束缚水体积的计算模型有两个，一个是假设岩石小孔隙中的流体全为束缚流体，大孔隙中的流体为自由流体，这个模型称为 T_2 截止值计算模型；另一个模型是假设岩石大孔隙和小孔隙中都存在束缚流体，且分布在孔隙的内表面，只不过束缚流体的含量不同，小孔隙中束缚流体的比重大，大孔隙中束缚流体的比重小，这个模型称为渐变权重的 SBVI 计算模型。针对这两个模型的差异，计算束缚水体积的方法也有差异。

1. T_2 截止值模型

所谓 T_2 截止值就是为确定束缚水体积，对应于 T_2 分布上可动流体孔隙和不可动流体孔隙之间的界限值。根据国外提供的实验研究结果，对砂岩来说，截止值一般为 33ms，对灰岩来说，截止值一般为 92ms。实际上，$T_{2cutoff}$ 数值是与岩石的非均质性、物性及孔隙结构特征有关的一个变量，只有通过大量岩心测量才能给出合理的结果。T_2 截止值的实验室确定通常采用国际惯用的方法，即将离心前后岩样 T_2 分布的幅度分别求和，然后从离心前 T_2 分布中找一点，使得该点左边各点的幅度和等于离心后 T_2 分布所有各点的幅度和，则该点的 T_2 值即为 $T_{2cutoff}$，如图 3-1 所示。

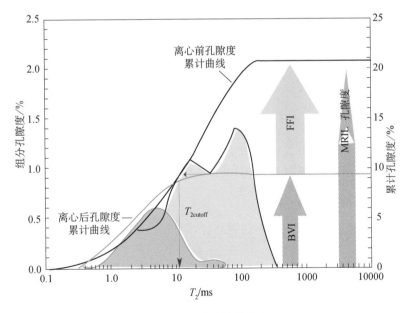

图 3-1　T_2 截止值的确定

2. 渐变权重的 SBVI 模型

渐变权重的束缚水体积 SBVI 计算模型为

$$\phi_{SBVI} = \sum_{i=1}^{n} W_i \phi_i$$

$$W_i = \frac{1}{mT_{2i} + b}$$

$$(3-6)$$

式中，n 为拟合时所用的相或基的个数；ϕ_i 为与某个相或基对应的组分孔隙度；W_i 为对应于某种组分的权值；T_{2i} 为第 i 种弛豫组分横向弛豫时间；m 和 b 为与孔隙的几何形状及自由水饱和度有关的常数。

渐变权重的 SBVI 模型如图 3-2 所示。

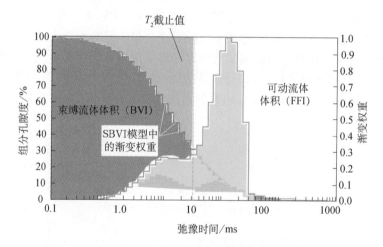

图 3-2   渐变权重的 SBVI 模型示意图

根据 Coats 等对 340 块砂岩和 71 块灰岩的实验分析，可以得出：$b=1$，对于砂岩 $m=0.0618/\text{ms}$，对灰岩 $m=0.0113/\text{ms}$。

3.1.3   渗透率计算

核磁共振测井中主要有三种渗透率计算方法：SDR 公式、Timur-Coates 公式和 Sb/Pc-Swanson 公式。

SDR 公式（据斯伦贝谢公司道尔研究中心的研究）利用了 T_2 分布与孔隙体比表面积（孔隙体积与表面积的比值）的正相关性，由完全饱和水的砂岩岩心实验得到系数，在砂岩地层中取得了较好的应用效果。SDR 公式如下：

$$K_{SDR} = C \cdot (T_{2LM})^m \cdot \phi_t^n$$

$$(3-7)$$

式中，$T_{2\text{LM}}$ 为核磁共振 T_2 分布的对数平均值；ϕ_t 为 NMR 总孔隙度；C 为岩心刻度系数，m，n 为刻度指数一般采用岩心刻度给出，在没有岩心资料的情况下，取隐含值 $C=10$，$m=4$，$n=2$。$T_{2\text{GM}}$ 为 T_2 分布的几何平均值，T_2 分布的几何平均值 $T_{2\text{GM}}$ 按式（3-8）计算：

$$T_{2\text{GM}} = \left(T_{21}^{A_1} T_{22}^{A_2} \cdots \right)^{\frac{1}{\Sigma A}} \tag{3-8}$$

式中，T_{2i} 为第 i 种弛豫组分的 T_2 弛豫时间常数，A_i 为对应 T_{2i} 的组分孔隙度。

Timur/Coates 公式是 Timur 于 1968 年在统计了大量碎屑岩岩心实验的基础上提出的，后来由 Coates 和 Dumanoir 在研究了束缚流体饱和度的基础上发展成为一个广泛应用的公式。该公式考虑了束缚流体饱和度对渗透率的影响，因此在冲洗带含气地层，Timur/Coates 公式计算的渗透率更为适合。Timur/Coates 公式为

$$K_{\text{NMR}} = \left(\frac{\phi_e}{C} \right)^m \left(\frac{\text{FFI}}{\text{BVI}} \right)^n \tag{3-9}$$

式中，K_{NMR} 为核磁有效渗透率。

当岩石中为大孔洞时，T_2 较长，被算作"可动流体"，根据式（3-9），计算的地层渗透率较高，但是当大孔洞孤立或不连通时，它们并不能有效地使流体通过不完全连通时，那些不连通的孔隙实际上也是束缚流体（图 3-3）。为此，引进了不连通因子，对式（3-9）进行了改进，提出了渗透率计算的孔隙连通性模型：

$$K_{\text{NMR}} = \left(\frac{\phi_e}{C} \right)^m \left(\frac{p \cdot \text{FFI}}{\text{BVI} + (1-p)\text{FFI}} \right)^n \tag{3-10}$$

式中，p 为连通因子。当 $p=1$ 时，孔隙连通性好；当 $p=0$ 时，孔隙连通性不好；当 $p>1$ 时，大量裂缝发育。

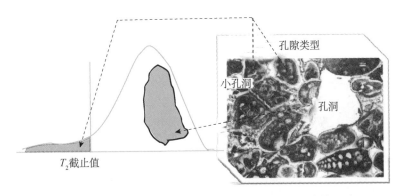

图 3-3 孔隙不连通时的核磁共振 T_2 特征及其对渗透率的影响

SDR 模型不受 Timur-Coastes 束缚水模型的限制，当岩石孔隙中含有烃时，$T_{2\mathrm{GM}}$ 数值会发生变化，并且无法进行含烃校正。

针对致密砂岩流通通道为微小的孔径和微裂缝连通的微孔隙，2002 年 Swanson 等用压汞的方法模拟流体渗流状态，发展了利用毛管压力数据或 T_2 分布计算得到的伪毛管压力数据来计算渗透率的方法，即 Sb/Pc-Swanson 公式：

$$K_{\mathrm{s}} = c_3 \left(\frac{S_{\mathrm{b}}}{P_{\mathrm{c}}} \right)^{a_3} \tag{3-11}$$

式中，S_{b} 为压汞的水银饱和度，%；P_{c} 为毛管压力，psi①；c_3、a_3 为 Sb/Pc-Swanson 公式系数。实际处理中，需要通过岩心刻度的方法确定。

3.1.4 饱和度评价

核磁共振能够提供束缚流体饱和度和地层含油/含水饱和度，其他饱和度可根据其定义经过简单计算得到。

束缚流体饱和度根据其定义：

$$S_{\mathrm{wi}} = 1.0 - \frac{\mathrm{FFI}}{\phi_{\mathrm{t}}} = \frac{\mathrm{BVI}}{\phi_{\mathrm{t}}} \tag{3-12}$$

地层含油饱和度的计算，ElanPlus 解释程序是斯伦贝谢公司在 Global 程序的基础上发展起来的一种先进测井分析程序。ElanPlus 的基本原理是通过建立测井岩石物理模型，反复结合"正演""反演"技术，采用统计方法和利用最优化技术确定地层各组分的百分含量。

在本书给定的实例中，输出测井曲线是地层油、气、水以及地层岩石和矿物的综合响应，计算得到的饱和度是电阻率、中子、密度和声波时差的综合结果。处理中，地层胶结指数 m=2，饱和度指数 n=2，地层水电阻率 R_{w}=0.45Ω·m。其响应模型如下：

$$\sqrt{C_{\mathrm{t}}} = \left[\sqrt{C_{\mathrm{cl}}} V_{\mathrm{cl}}^{(e_{\mathrm{vcl}} - m_{\mathrm{vcl}} \cdot V_{\mathrm{cl}})} + \frac{\sqrt{C_{\mathrm{wa}}}}{\sqrt{a}} \phi_{\mathrm{e}}^{0.5(m + \frac{m_{c2}}{\phi_{\mathrm{e}}})} \right] \left[\frac{V_{\mathrm{wa}}}{\phi_{\mathrm{e}}} \right]^{\frac{n}{2}} \tag{3-13}$$

式中，C_{t} 为地层电导率，Ω/m；C_{cl} 为泥岩电导率，Ω/m；V_{cl} 为泥岩体积；e_{vcl} 为泥岩体积指数，隐含 1.0；m_{vcl} 为泥岩体积指数校正因子，隐含 0.5；C_{wa} 为地层水电导率，Ω/m；a 为阿尔奇公式系数，隐含 1.0；m 为孔隙度胶结指数；n 为饱和度指数，隐含 2.0；m_{c2} 为孔隙度胶结指数校正因子，隐含 0.0；ϕ_{e} 为有效孔隙度；V_{wa} 为地层水体积。

---

① 1psi=6.89476×10³Pa。

3.2　核磁共振测井流体识别方法

利用测井技术进行储层评价时，既可以单独利用核磁共振测井资料进行分析，也可以结合常规测井资料进行分析。当只用核磁共振测井资料进行分析时，可以提供孔隙度、渗透率等岩石物理参数，并定性判别地层流体性质计算流体饱和度。对于砂泥岩储集层来说，主要有三种计算模型可以利用，一个是时间域分析（TDA）模型，另一个是扩散分析（DIFAN）模型，还有一个是结合常规深探测电阻率测井资料，对原状地层进行评价（Coates *et al*.，1999）。

3.2.1　时间域分析

流体有不同的极化率或不同的纵向弛豫时间（T_1）时间，天然气、轻质油的 T_1 通常比水的 T_1 长得多。利用流体 T_1 的差异，用双 T_W 观测方式进行采集，可以直接识别烃信号。TDA 技术是在时间域内对双 T_W 测井数据进行分析，此方法不仅能计算出一个敏感区流体饱和度剖面，还可以计算出 T_1 和含氢指数校正后的地层有效孔隙度。

1. 差谱分析（DSM）

实验表明，当孔隙中注油后，油是非润湿相，处于被水包围的状态，弛豫保持其固有的 T_2 特征值，分布在 T_2 增大的方向，随油含量的增多，峰值幅度会不断增加。而水本身的信号不仅幅度下降，其位置也向 T_2 小的方向移动，如图 3-4 所示。因此，长短不同等待时间核磁共振分布的差异主要在可动流体部分，如果差异越大说明含油的可能性或者含油饱和度就越大，这就是核磁共振流体识别的实验基础之一。因此，对核磁共振双 T_W 测井数据进行分析就能达到流体识别的目的。

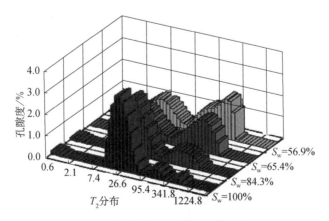

图 3-4　核磁共振 T_2 谱与 S_w 的关系

对核磁共振双 T_W 测井资料分析时最初称为差谱分析（DSM）。差谱分析方法有两种：一是将不同等待时间的两个回波串分别反演得到对应的 T_2 分布，然后用长等待时间 T_2 分布减去短等待时间 T_2 分布，得到谱差或差谱；二是首先用包含水和烃信号的长等待时间回波串减去只含水信号的回波串，得到回波串差（echodiff），这个回波串差信号主要来自于烃。然后，用多指数反演技术对 T_2 域进行反演，得到 T_2 分布，即差谱。利用差谱就可以对储层流体性质定性判别。典型情况下，气会在差谱的中部，反映了气扩散弛豫特征而不是体积弛豫特征；轻质油分布在差谱的后部，即 T_2 时间较长的部分。DSM 方法主要是用来定性判别地层中轻烃的存在。其技术基础如图 3-5 所示。

2. 时间域分析（TDA）

时间域分析是差谱分析方法延伸的改进。使用 TDA 方法时，是在时间域内而不是在 T_2 域内进行减法运算，并根据流体核磁共振响应特征的差异进行定量计算。这项技术较 DSM 方法有两个关键优势：一是 TDA 方法中两个回波串之间的差是在时间域内计算的，然后将此回波差进行反演，转换为 T_2 分布，这个方法较 DSM 方法更准确，噪声较少；二是 TDA 方法能够为没有完全极化的烃和含氢指数的影响提供更准确的校正。

多指数反演是 TDA 分析的基础。储层岩石通常不仅表现孔隙大小的分布而且还包含不同类型流体的信息。用 CPMG 序列采集的自旋回波串不是按单指数衰减，而是按多个指数衰减。

当储层中含有油、气、水三相时，CPMG 序列采集到的回波串幅度可表示如下：

$$M(t) = \sum \left[M_{0i} e^{-\frac{t}{T_{2i}}} + M_o e^{-\frac{t}{T_{2o}}} + M_g e^{-\frac{t}{T_{2g}}} \right] \qquad (3\text{-}14)$$

考虑到极化的影响，M_{0i}、M_o、M_g 可分别表示为

$$M_{0i} = M_{0i} \left(1 - e^{-\frac{T_W}{T_{1i}}} \right) \qquad (3\text{-}15)$$

$$M_o = M_o(0) \left(1 - e^{-\frac{T_W}{T_{1o}}} \right) \qquad (3\text{-}16)$$

$$M_g = M_g(0) \left(1 - e^{-\frac{T_W}{T_{1g}}} \right) \qquad (3\text{-}17)$$

因此，对于双 T_W 时间里，对应于 T_{WL}、T_{WS} 的回波串幅度分别表示为

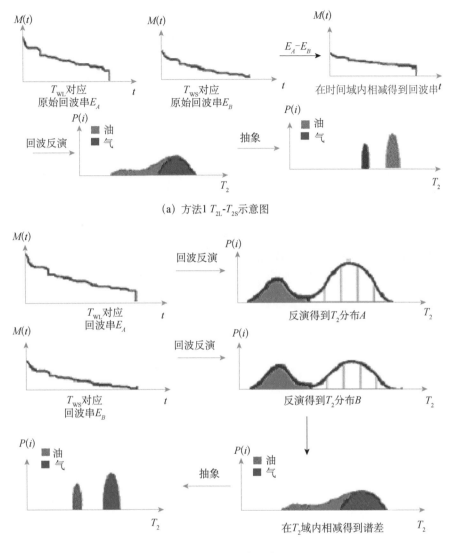

(a) 方法1 T_{2L}-T_{2S}示意图

(b) 方法2 $ECHO_L$-$ECHO_S$分析示意图

图 3-5 核磁共振双 T_W 测井两种差谱分析方法示意图

$$M_{T_{WL}}(t) = \sum \left[M_{0i}\left(1-e^{-\frac{T_{WL}}{T_{1i}}}\right)e^{-\frac{t}{T_{2i}}} + M_o(0)\left(1-e^{-\frac{T_{WL}}{T_{1i}}}\right)e^{-\frac{t}{T_{2o}}} \right. $$

$$\left. + M_g(0)\left(1-e^{-\frac{T_{WL}}{T_{1i}}}\right)e^{-\frac{t}{T_{2g}}} \right] \quad (3\text{-}18)$$

$$M_{T_{\mathrm{WS}}}(t) = \sum \left[M_{0i}\left(1 - e^{-\frac{T_{\mathrm{WS}}}{T_{1i}}}\right)e^{-\frac{t}{T_{2i}}} + M_{\mathrm{o}}(0)\left(1 - e^{-\frac{T_{\mathrm{WS}}}{T_{1i}}}\right)e^{-\frac{t}{T_{2\mathrm{o}}}} \right.$$
$$\left. + M_{\mathrm{g}}(0)\left(1 - e^{-\frac{T_{\mathrm{WS}}}{T_{1i}}}\right)e^{-\frac{t}{T_{2\mathrm{g}}}} \right] \tag{3-19}$$

两表达式相减，就变为

$$\Delta M(t) = \sum \left[M_{0i}e^{-\frac{t}{T_{2i}}}\Delta\alpha_{\mathrm{w}i} + M_{\mathrm{o}}(0)e^{-\frac{t}{T_{2\mathrm{o}}}}\Delta\alpha_{\mathrm{o}} + M_{\mathrm{g}}(0)e^{-\frac{t}{T_{2\mathrm{g}}}}\Delta\alpha_{\mathrm{g}} \right] \tag{3-20}$$

将水、油、气的极化函数 $\Delta\alpha_{\mathrm{w}i}$、$\Delta\alpha_{\mathrm{o}}$、$\Delta\alpha_{\mathrm{g}}$ 分别定义如下：

$$\Delta\alpha_{\mathrm{w}i} = e^{-\frac{T_{\mathrm{WS}}}{T_{1i}}} - e^{-\frac{T_{\mathrm{WL}}}{T_{1i}}} \tag{3-21}$$

$$\Delta\alpha_{\mathrm{o}} = e^{-\frac{T_{\mathrm{WS}}}{T_{1i}}} - e^{-\frac{T_{\mathrm{WL}}}{T_{1\mathrm{o}i}}} \tag{3-22}$$

$$\Delta\alpha_{\mathrm{g}} = e^{-\frac{T_{\mathrm{WS}}}{T_{1i}}} - e^{-\frac{T_{\mathrm{WL}}}{T_{1\mathrm{g}}}} \tag{3-23}$$

由于在 T_{WS} 中，水完全极化，$\Delta\alpha_{\mathrm{w}i}=0$，所以

$$\Delta M(t) = M_{\mathrm{o}}(0)e^{-\frac{t}{T_{2\mathrm{o}}}}\Delta\alpha_{\mathrm{o}} + M_{\mathrm{g}}(0)e^{-\frac{t}{T_{2\mathrm{g}}}}\Delta\alpha_{\mathrm{g}} \tag{3-24}$$

定义孔隙度差的函数为

$$\Delta\phi(t) = \phi_{\mathrm{o}}^{*}e^{-\frac{t}{T_{2\mathrm{o}}}}\Delta\alpha_{\mathrm{o}} + \phi_{\mathrm{g}}^{*}e^{-\frac{t}{T_{2\mathrm{g}}}}\Delta\alpha_{\mathrm{g}} + \varepsilon \tag{3-25}$$

式中，$\Delta\phi(t)$ 为 CPMG 序列采集双 T_{W} 回波串得到的孔隙度差；ϕ_{o}^{*} 为从回波串差得到的视含油孔隙度；ϕ_{g}^{*} 为从回波串差得到的视含气孔隙度；ε 为噪声。

所以，含油、气视孔隙度与真孔隙度（ϕ_{o} 与 ϕ_{g}）的关系变为

$$\phi_{\mathrm{o}}^{*} = \frac{M_{\mathrm{o}}(0)}{M_{100\%}(0)}\Delta\alpha_{\mathrm{o}} = \phi_{\mathrm{o}}\mathrm{HI}_{\mathrm{o}}\Delta\alpha_{\mathrm{o}} \tag{3-26}$$

$$\phi_{\mathrm{g}}^{*} = \frac{M_{\mathrm{g}}(0)}{M_{100\%}(0)}\Delta\alpha_{\mathrm{g}} = \phi_{\mathrm{g}}\mathrm{HI}_{\mathrm{g}}\Delta\alpha_{\mathrm{g}} \tag{3-27}$$

式中，$M_{100\%}(0)$ 为核磁仪器在含水刻度箱刻度时，CPMG 采集的回波串在 0 时刻的幅度；HI_{o} 为油的含氢指数；HI_{g} 为气的含氢指数。

因此，如果已知储层条件下的 $T_{2\mathrm{o}}$、$T_{2\mathrm{g}}$，用式（3-25）就能计算出油、气的视

孔隙度。如果已知 T_{1o}、T_{1g}、HI_o 和 HI_g，用式（3-26）和式（3-27）就可计算地层的真孔隙度和各种流体的体积。

3.2.2　扩散分析

1. 基本概念

扩散分析建立在流体之间扩散常数不同的基础之上，适用于小于 93℃、2000psi 的温度、压力条件下黏度在 0.5～35mPa·s 范围内原油的定性识别和定量计算。如前所述，只有在梯度磁场中才会出现扩散弛豫。流体的 T_2 值随 T_E 的变化而变化。总的来说，在梯度磁场中，T_2 值与磁场梯度值 G、氢质子的旋磁比 γ、回波间隔 T_E 及视扩散系数 D_a 有关，可用下述函数表示：

$$\frac{1}{T_2} = \frac{1}{T_{2int}} + \frac{CD_a(G\gamma T_E)^2}{12} \tag{3-28}$$

式中，T_{2int} 为磁场梯度为 0 时的固有横向弛豫时间；C 为与仪器有关的一个常数。

2. 移谱分析方法（SSM）

从式（3-28）可以看出，由于流体扩散系数的差异，在 CPMG 回波间隔一定时，当岩石中饱和不同扩散系数的流体时其 T_2 分布是不同的。当回波间隔增大时，其相应的 T_2 分布会不同程度的前移。气的扩散系数最大，饱和气时 T_2 分布前移最大；水和轻质油的扩散系数次之，其 T_2 分布前移较小；对于一定黏度的原油储层，黏度油的扩散系数最小，该方法最有效。例如，水的扩散系数是中等黏度油的 100 倍，当 T_E 增大时，扩散过程使得水的 T_2 分布比中等黏度油减小得多。气的扩散系数最大，当 T_E 增大时，扩散过程使得气层的 T_2 分布比水层和中等黏度油层显著前移。因此，通过选择合适的双 T_E 参数（T_{EL} 和 T_{ES}），通过对比较 T_{EL}、T_{ES} 所对应的 T_2 分布的变化，从而达到流体识别的目的。

3. 定量扩散分析（DIFAN）

定量扩散分析（DIFAN）是进行扩散定量分析的计算模型，在许多油田已得到成功应用。当地层流体的 T_1 差别较小不能进行 TDA 分析以及当流体的扩散系数差异较小不能对双 T_E 数据进行移谱分析时，就可以利用 DIFAN 方法进行定量扩散分析，提供不同流体类型的体积。双 T_E 测井测量得到两个回波串，反演后对应两个 T_2 分布，计算这两个 T_2 分布自由流体部分的几何平均值，分别记为 T_{2L} 和 T_{2S}，把它们看作不同 T_E 时流体的弛豫时间。然后，用这两个均值通过下列方程组计算扩散系数：

$$\frac{1}{T_{2S}} = \frac{1}{T_{2int}} + \frac{CD_a(G\gamma T_{ES})^2}{12} \qquad (3\text{-}29)$$

$$\frac{1}{T_{2L}} = \frac{1}{T_{2int}} + \frac{CD_a(G\gamma T_{EL})^2}{12} \qquad (3\text{-}30)$$

式中，T_{2int} 为孔隙度流体的固有横向弛豫时间（$1/T_{2int}=1/T_{2B}+1/T_{2S}$，$T_{2B}$ 为体弛豫时间，T_{2S} 为表面弛豫时间）；D_a 为孔隙流体的视扩散系数；C 为与磁场中受限扩散和自旋回波有关的常数，对 MRIL 仪器，$C=1.08$。

由于 T_{2S}、T_{2L}、T_{ES}、T_{EL}、G、γ 已知，根据上述方程组就可以求出 D_a 和 T_{2int}，然后构建 $1/T_{2int}$-D_a/D_w 的交会图。

在作交会图之前，必须先构建 $S_{wa}=0\%$ 和 $S_{wa}=100\%$ 曲线，要做到这一点，D_w、D_o 和 T_{2int} 必须已知。完全饱含水的地层，$T_{2int}=25ms$，所以 $1/T_{2int}=0.04/ms$，$D_a/D_w=1$，$S_{wa}=100\%$ 的线要穿过这两个特征值所在的点子。对于完全饱含油的地层，自由流体完全为油，则 $T_{2int}=T_{2int, o}$，$D_a=D_o$，所以 $S_{wa}=0\%$ 的线将穿过这两个点子，这条线应平行于 $S_{wa}=100\%$ 的线。

要计算 $T_{2int, o}$ 和 D_o 这两个参数，必须已知储层的温度、流体黏度和扩散系数。

图 3-6 为一个 $1/T_{2int}$-D_a/D_w 交会图的实例，图中数据点基本上介于 $S_{wa}=0\%$ 和 $S_{wa}=100\%$ 两条平行线之间，数据点所在的位置与两条平行线的距离关系反映了视含水饱和度 S_{wa} 的大小：如果数据点距离 $S_{wa}=100\%$ 线越近而距离 $S_{wa}=0\%$ 线越远，则此数据点所在深度的视含水饱和度 S_{wa} 越高；反之，视含水饱和度 S_{wa} 越低。所以，在 $S_{wa}=0\%$ 和 $S_{wa}=100\%$ 线之间进行等分，就可以求出每一点的 S_{wa}。

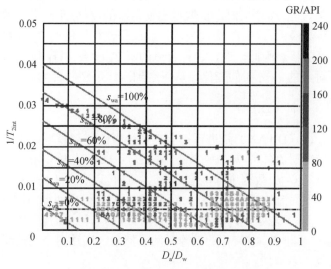

图 3-6　用 $1/T_{2int}$-D_a/D_w 交会图确定 S_{wa}

根据交会图确定 S_{wa} 后，利用式（3-31）就可以计算 S_w：

$$S_w = \frac{S_{wa}\mathrm{FFI} + \mathrm{BVI}}{\mathrm{FFI} + \mathrm{BVI}} \qquad （3-31）$$

3.2.3　结合常规测井参数计算

如前所述，对双 T_W 测井资料进行时间域处理，对双 T_E 测井资料进行扩散分析均可完成流体性质的定性检测和定量计算。由于 NMR 测井仪探测深度较浅，其敏感区仍是侵入带的特征。如果与其他常规测井资料相结合，可实现优势互补，得到储层的更多信息，从而对原状地层流体进行全面评价。例如，与常规深探测电阻率相结合，选择合适的模型可以计算原状地层的含水饱和度。

例如，贝克休斯 MRIAN 模块在国内外测井软件平台中，已经开发了相应的解释模块，结合 NMR 测井资料和深感应或深侧向电阻率，用双水模型完成原状地层流体体积的评价。该程序所需要的数据包括地层的真电阻率（R_t）、总孔隙度（ϕ_t）、黏土水饱和度（S_{wb}）。双水模型需要 NMR 提供的两个主要参数为黏土水孔隙度（MCBW）、有效孔隙度（MPHE）。当然，也可以用 Archie 或 Waxman-Smits 模型代替双水模型完成类似的评价。图 3-7 为双水模型所依赖的物理模型。

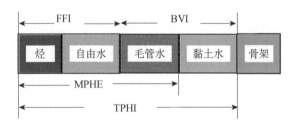

图 3-7　双水模型所依赖的核磁共振体积模型

双水模型饱和度计算方式如下：

$$C_t = \left(\phi_t^m S_{wt}^n\right)\left[C_w\left(1 - \frac{S_{wb}}{S_{wt}}\right) + C_{cw}\left(\frac{S_{wb}}{S_{wt}}\right)\right] \qquad （3-32）$$

式中，C_t 为地层电导率；C_w 为地层水电导率；C_{cw} 为黏土束缚水电导率；ϕ_t 为地层总孔隙度；S_{wt} 为总含水饱和度；S_{wb} 为黏土束缚水饱和度；m 为胶结指数；n 为饱和指数。

C_{cw} 与温度有关，可以表示为

$$C_{cw} = 0.000\,216(T - 16.7)(T + 504.4) \qquad （3-33）$$

式中，T 为地层华氏温度，°F。

可以利用双水模型确定 S_{wb}。用核磁总孔隙度 ϕ_t（ϕ_t =MSIG）和有效孔隙度 ϕ_e（ϕ_e =MPHE）计算 S_{wb}：

$$S_{wb} = \frac{\phi_t - \phi_e}{\phi_t} \qquad (3\text{-}34)$$

总孔隙度也可以由中子、密度交会方法求得。

当 S_{wb}、C_w 等参数计算出来后，就可以用式（3-32）计算 S_{wt}，进而计算含水孔隙度 ϕ_{wt}、黏土水体积 ϕ_{CBW} 有效含水体积 ϕ_{we} 及含烃孔隙度 ϕ_H：

$$\phi_{wt} = \phi_t S_{wt} \qquad (3\text{-}35)$$

$$\phi_{we} = \phi_{wt} - \phi_{CBW} \qquad (3\text{-}36)$$

$$\phi_H = \phi_e - \phi_{we} \qquad (3\text{-}37)$$

3.3　核磁共振测井解释实例与分析

3.3.1　储层识别与划分

核磁共振测井测量的是地层孔隙中的氢核，其全新的测量原理使得这项技术能够提供与岩性无关的地层有效孔隙度，根据岩心确定的截止值可以计算束缚流体体积和自由流体体积，从而准确确定出产层和非产层。在储层，标准 T_2 分布以双峰居多，而且具有较广的 T_2 分布；束缚流体体积与有效孔隙体积不重合，自由流体体积大于零；在非储层，标准 T_2 分布基本上以单峰居多，束缚流体体积与核磁有效孔隙体积基本相同，自由流体体积基本为零。因此，根据束缚流体体积和自由流体体积，从而准确确定出产层和非产层，甚至能够估算其产能。

核磁共振测井在低孔低渗砾岩油藏中划分有利储层起到了重要作用。惠民凹陷基山砂岩体为一套水下扇和浊积沉积的泥质粉砂岩，埋藏深（大于 3000m），压实程度高，成岩作用较强，粒间孔喉不发育且分布不均，储层孔隙度一般为 8%～16%；渗透率为 $0.1 \times 10^{-3} \sim 2.0 \times 10^{-3} \mu m^2$，属于低阻、低孔、特低渗油藏，油水关系复杂。大部分油井自然产能低，大部分储层需要进行压裂改造才能获得工业油流。为解决储层的产能问题以优选改造储层，采集了多口井的核磁共振测井资料，如图 3-8 所示。利用核磁测井重新确定了一组产层的下限值，即孔隙度大于 12%，渗透率大于 $0.6 \times 10^{-3} \mu m^2$，孔喉半径大于 0.5μm，用于指导井的压裂改造。5 口井、9 个层的压裂成果证实，其符合率达到 90%。

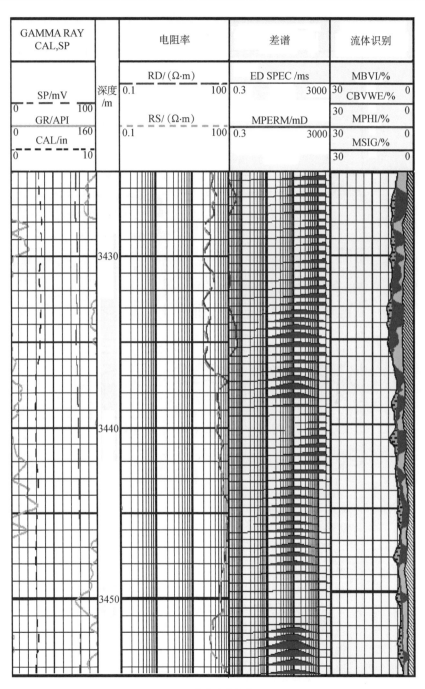

（a）永 920 井

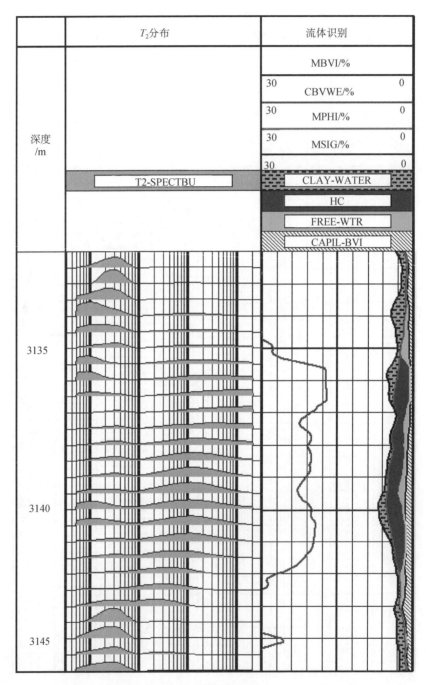

（b）车 660 井

图 3-8　复杂砾岩体储层核磁共振测井分析成果

3.3.2　储层空间类型划分

利用核磁共振 T_2 分布划分储层孔隙类型。通过与岩心和成像测井资料对比研究发现，T_2 分布的形态和储集空间的类型具有一定的对应关系。对于孔隙型储层，指以基质孔和溶孔为主，T_2 分布呈单峰分布于 T_2 截止值线的左右，峰值为 $10\sim$ 400ms，幅度较小，说明孔隙型储层孔径小，以表面弛豫为主，孔隙不发育，有效孔隙度为 2.5%~3.0%。孔洞型指以溶洞为主的储层。T_2 分布呈单峰分布，峰值为 $80\sim700$ms，以体积弛豫为主，溶洞发育，孔径较大，有效孔隙度为 3.0%~7.5%。裂缝型指以裂缝发育为主的储层。T_2 分布呈单峰分布且多分布在 T_2 截止值线的左边。孔隙-裂缝复合型指以溶孔和裂缝为主的储层。T_2 分布是溶孔和裂缝的组合，呈双峰分布，且分布于 T_2 截止值线的左右，两峰呈平缓的连续变化，峰的幅度较小，分布范围大，说明孔径大小变化范围大。裂隙-孔洞复合型指以溶洞和裂缝为主的储层。T_2 分布是裂缝和孔洞的组合，呈明显的双峰分布（表 3-1）。

表 3-1　T_2 分布的形态与储集空间的关系

	储层类型	指数 T_2 分布	对数刻度 T_2 分布	T_2 几何均值
1	孔隙型			50
2	裂缝型			200~300
3	孔洞型			>300
4	孔隙-裂缝复合型			25~400

图 3-9 为碳酸盐岩储层核磁共振测井与成像测井响应特征。可以看出，核磁共振 T_2 分布既显示较小的孔隙空间，又展示出了较长的 T_2 分布特征，与成像测井展示的沿裂缝溶蚀的串珠状溶洞对应性好。因此，该段地层解释为孔隙-裂缝复合型储层。

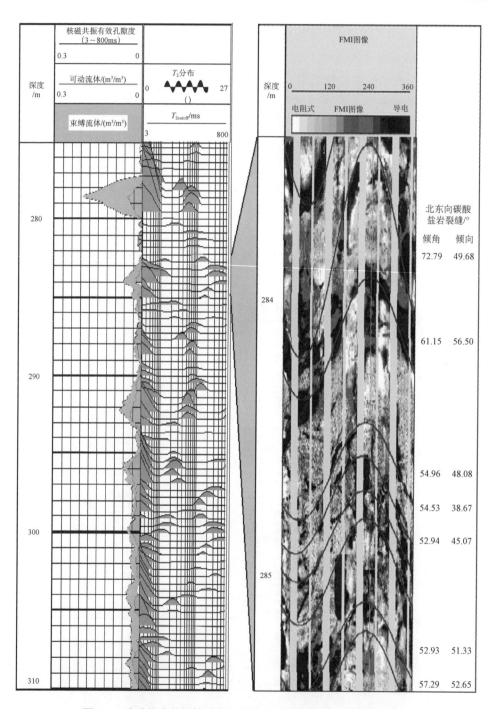

图 3-9 碳酸盐岩储层核磁共振测井与成像测井显示的储集空间

3.3.3　孔隙结构研究

孔隙结构研究是储层评价的重要组成部分。以前普遍使用的方法是岩石物理实验。利用核磁共振测井的 T_2 分布研究孔隙结构是近年来核磁共振测井技术的成熟应用。核磁共振测井测量孔隙流体中的氢原子核自旋磁场的磁共振弛豫信号的能量和衰减时间，信号的能量与流体中的氢核数量和岩石的孔隙度成正比。由核磁共振测井原始数据拟合得到的核磁共振横向弛豫时间 T_2 分布谱，能够比较真实可靠地反映出岩石孔隙大小及其分布特征。

核磁共振 T_2 分布与压汞毛管压力曲线 P_c 都反映岩石的孔隙结构，二者之间存在着必然的相关性。二者之间的关系为

$$P_c = C \times \frac{1}{T_2} \tag{3-38}$$

$$C = \frac{0.735}{\rho_2 \times F_s} \tag{3-39}$$

式中，ρ_2 为岩石横向表面弛豫率，是表征岩石性质的一种参数；C 为转换系数；F_s 为孔隙形状因子，对球形孔隙，$F_s=3$，对柱状喉道，$F_s=2$。

由式（3-38）和式（3-39），在已知 T_2 分布的条件下，可近似得到毛管压力曲线，称为伪或赝毛管压力曲线。如图 3-10 中从 T_2 分布计算的伪毛管压力曲线和实测毛管压力曲线是非常接近的。从毛管压力曲线可近似求出 T_2 分布，称为伪或赝 T_2 分布。由实测毛管压力曲线得到的孔喉半径分布与毛管压力曲线得到的孔喉半径是很类似的。因此，T_2 分布是研究孔隙结构直接有效的技术方法。

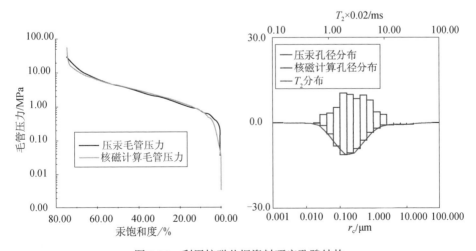

图 3-10　利用核磁共振资料研究孔隙结构

　　图 3-11 为 S550 井的核磁共振测井信息，其有效孔隙度为 16%，渗透率约为 $4 \times 10^{-3} \mu m^2$，计算平均孔喉半径约为 $1.25 \mu m$ [图 3-11（a）]，试油产液 5.82t/d，压裂后产油 20t/d。用核磁测井计算该区 7 口井、19 个层的平均孔喉半径，与试油结果对比，显示了与自然产能具有较好的正相关性 [图 3-11（b）]。可以看出，平均孔喉半径越大，自然产能越高，压裂后产能相对较高（赵文杰、谭茂金，2007）。

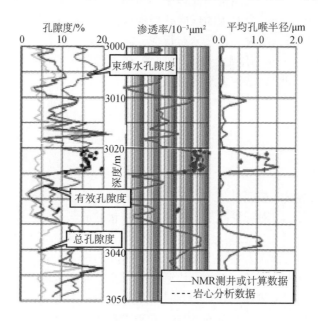

（a）S550 井平均孔喉半径

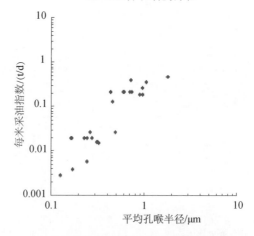

（b）每米采油指数与平均孔喉半径的关系

图 3-11　利用核磁共振数据研究基山砂岩体孔隙结构（据赵文杰、谭茂金，2007）

3.3.4　核磁共振测井流体识别

1. 基于双 T_W 的差谱分析与 TDA 分析

庙×××井是 1999 年年初冀东油田在老爷庙地区钻探的一口重点评价井，其勘探目的之一是落实油气层段的流体性质和含油级别。由于地层水性资料掌握不准，依据常规电阻率资料很难划分。为了解决这一问题，本节采用 ECLIPS-5700 成像系统和配套的 MRIL-C 核磁仪进行了测井，测量井段为 2295~2320m。针对测井目的和储集层的有关地质参数，选用差谱和标准 T_2 两种观测方式进行了测井。设计参数为：双等待时间对是 T_{WS}=1.5s，T_{WL}=8.0s，回波间隔 T_E=1.2ms，回波数 N_E=300。

在目的层段，对核磁共振双 T_W 测井资料进行了差谱分析。如图 3-12 为该井核磁共振双 T_W 测井资料及其处理成果，第三道为时间域内差谱分析方法得到的差谱，第四道为长短不同等待时间的差谱；第五道和第六道表示长短不同等待时间的 T_2 分布。可以看出，时间域内差谱分析方法较谱差分析方法信噪比高，TDA 分析得到的差谱更可靠。通过对比不同观测时间得到的 T_2 分布和差谱后的结果以及可动流体之差（DFVM）可以看出，在 2275.5~2281.8m、2283~2290m、2296.5~2302.0m 和 2303.0~2309.0m 四层的含油级别是不同的。3 号层的差谱信号最强，DFVM 为 3%~4%；1 号和 4 号层的差谱信号次之，DFVM 为 2%~3%；2 号层的差谱信号最弱，DFVM 为 1%~2%，但仍显示含烃。

如果电阻率数值越高，DFVM 越大，则含油饱和度越高。因此，构建了两个指示参数，一是不同等待时间的 DFVM；二是 DFVM 占有效孔隙度之比（FLAG），如图 3-13 所示。从求得的 FLAG 数值看，1 号层不均匀，FLAG 约为 4%；2 号层最大，FLAG 为 3%；3 号层 FLAG 为 6%；4 号层 FLAG 为 3%~4%。从交会图可以看出，1 号层和 3 号层 DFVM>2 %时，2 号层和 4 号层 DFVM<1.5%，其电祖率数值比 1 号层和 3 号层稍低。通过对比解释，1 号层、4 号层为油水同层，2 号层为含油水层，3 号层为油层。1999 年 6 月 14 日对 3 号层进行试油，日产油 95.66m³，无水，试油证实了上述结论，达到了评价目的。

核磁共振测井 TDA 分析可用于流体识别。胜利油田义 284 井的储层与砂砾岩，孔隙度小，渗透率低，储层划分和流体识别难度均较大，为此进行了核磁共振双 T_W 测井。一方面，可以根据核磁共振 T_2 分布和束缚流体体积及自由流体准确划分储层；另一方面，通过 TDA 分析，可实现油气水的流体识别。图 3-14 中 TDA 分析的差谱和计算的流体体积清楚地指示了储层的流体性质。2001 年 9 月对 3899~3930m 试油，日产油 2.59m³，产水 0m³，累计产油 17.8m³，试油结论为低产油层。

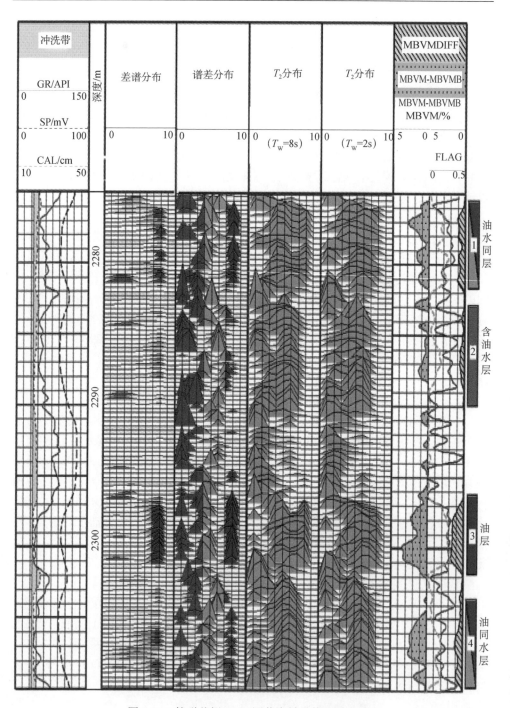

图 3-12　核磁共振双 T_W 测井资料及其处理成果

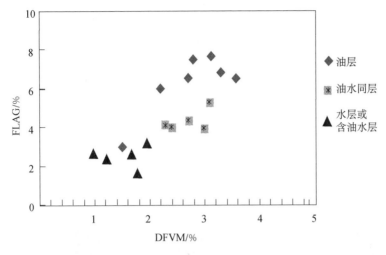

图 3-13 用 FLAG-DFVM 交会图识别流体

2. 基于双 T_E 的移谱分析与扩散分析

利用核磁扩散分析判断流体性质。图 3-15 为胜利油田的一口检查井,目的是研究剩余油的分布。该井目的层为中黏度油,适于用扩散分析方法计算含水饱和度,因此用双 T_E 观测方式采集了测井资料。采集时所用的回波间隔对为 T_{EL}=0.9ms,T_{ES}=3.6ms。首先计算出了自由流体部分的几何平均值作为 T_{2S}(第四道)和 T_{2L}(第五道),然后根据交会图计算出含水饱和度,进一步得出储层的各相流体的体积,最终完成流体性质判断。图中第六道为各相流体的体积剖面。

3. 结合常规测井的 MRIAN 分析

图 3-16 为胜利油田的一口检查井。第一道为不同孔隙组分的孔隙度,第二道为深度道,第三道为深中浅三电阻率和核磁渗透率,第四道为核磁共振标准 T_2 分布,第五道为用 MRIAN 方法计算的各相流体的体积和含水饱和度,直观地显示了储层流体的类型和相对体积,提供了轻烃校正后的核磁总孔隙度(PHIT)、核磁有效孔隙度(MPHI)、有效含水体积(CBVWE)、核磁渗透率(MPERM)及含水饱和度(MSWE)。

此外,利用核磁共振测井及其分析成果可以估算原油黏度和扩散系数。物质的弛豫特征受多种因素的影响。对于流体黏度与温度对格子活动性影响严重,黏度大的烃类流体,其 T_2 也相应地较小,所以油的弛豫与其黏度和温度间存在一定关系,可以利用测量的 T_2 直接估算原油的原位黏度。

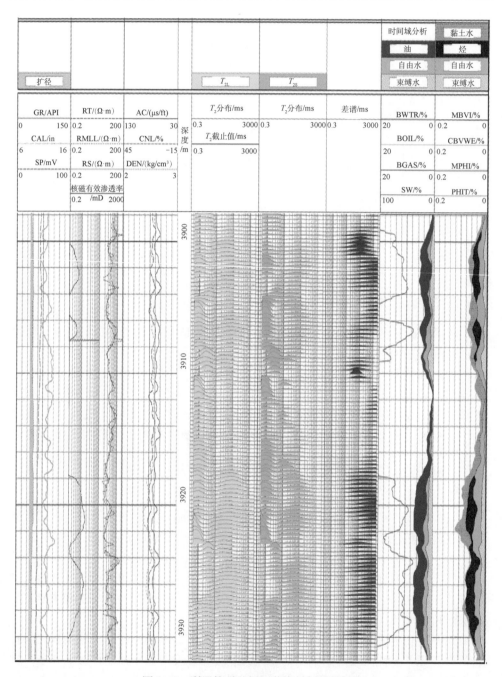

图 3-14　利用核磁共振测井资料划分储层

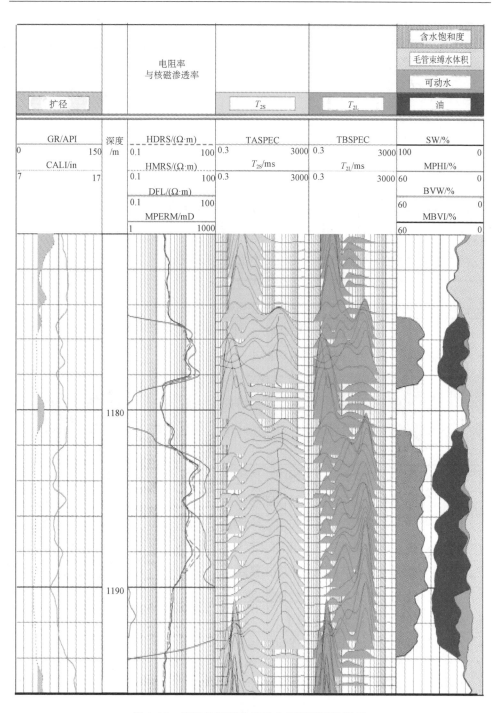

图 3-15　核磁共振测井扩散分析判断流体性质

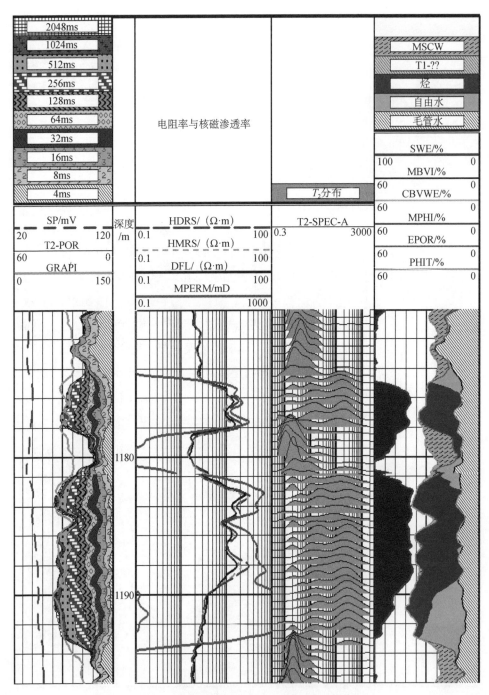

图 3-16　核磁共振测井 MRIAN 分析判断流体性质

NMR 测井技术的成熟应用在石油勘探行业受到广泛关注,但核磁共振测井技术也面临进一步的挑战。目前,NMR 测井技术未来的发展方向有如下几个特点(赵文杰、谭茂金,2007):

(1)NMR 测井仪器向着更大探测深度、多频率探测范围以及准确地探测地层 NMR 特性参数、扩大 NMR 测井适用条件的方向在不断升级。受成本及技术难度限制,一种以"简单实用"为指导思想的简化型 NMR 测井仪器受到关注,如渗透率核磁共振测井仪、孔隙度核磁共振测井仪、束缚流体核磁共振测井仪等。

(2)NMR 测井的适用性和数据处理方法的改进。尽管 NMR 测井技术在全球范围内得到了普遍应用,但是其精度还有待于进一步提高。结合常规测井资料进行的综合分析(MRIAN)、时间域分析(TDA)和扩散分析(DIFAN)都能计算储层的饱和度和各项流体体积,将这三个技术(程序)有机地融合为一套储层参数,这将是大势所趋。此外,利用 NMR 测井资料在复杂油气藏以及天然气、稠油储层的应用范围和应用水平,也需要进一步拓宽和提高。

(3)NMR 测井的应用范围进一步拓展。除了进行储层岩石物理参数计算和流体识别外,还可应用核磁孔隙度、渗透率数据进行产能预测以及利用孔隙结构研究粒径和沉积特性。在产能预测方面,NMR 测井技术可以帮助了解储层微观孔隙结构特征和估算地下流体的相渗透率,结合其他测井资料能够对储层的渗流能力做出合理的评价,给出有潜力改造产层和无潜力干层的评价结果。在粒径分析和沉积学研究方面,NMR 测井 T_2 分布反映了孔隙的分布,这些分布与粒径具有一定的对应关系,而对粒径的分析可以用来研究岩石的分选和沉积环境。此外,还可以利用 NMR 测井技术开展岩石润湿性研究、储层流体 PVT 特性研究。

(4)二维核磁共振的研究与发展方兴未艾。目前的一维核磁共振(1D NMR)技术只测量地层孔隙流体的横向弛豫时间 T_2,当地层孔隙中油气和水同时存在时,它们的 T_2 谱信号有时重叠在一起,很难用通常的移谱法、差谱法和增强扩散法来区分它们,这就促使测井工作者必须拓展现有 NMR 测井观测的信息量,发展二维核磁共振(2D NMR)测井方法(谢然红等,2008;肖立志等,2012)。

第 4 章　有机页岩核磁共振测井理论与应用

有机页岩矿物成分复杂、流体赋存形式多样、孔隙小、渗透率低，核磁共振测井解释和流体识别面临挑战。开展页岩核磁共振测井理论研究，建立页岩解释模型具有重要研究意义。

4.1　页岩核磁共振响应特征

含气页岩是最宝贵的非常规油藏之一。与常规砂岩相比，页岩气藏的矿物是极其复杂的，并且它的孔隙空间大多为亚微米级和纳米级的孔隙，有时也有相对大的裂缝发育（Curtis，2002；Rick，2004；Glorioso and Rattia，2012；Sondergeld et al.，2012）。在含气页岩中，气的赋存形式多种多样，有游离气、附着在干酪根和粒间孔隙表面的吸附气，以及溶解于流体中的一小部分溶解气。因此，有机页岩是一种典型的"自生自储"系统。

纳米孔含气页岩的核磁共振响应与常规油气储层游离气的核磁共振响应是不同的，在常规油气储层中弛豫以自旋为主，其扩散是不受限制的。含气页岩具有非常低的孔隙度和超低渗透性，其孔隙度由有机干酪根纳米级孔隙主导，限制气体的扩散运动，所以高的表面面积与体积比增强了其表面弛豫率。在高压状态下，气体以吸附态存在于孔隙表面，在孔隙内部以自由态存在。含气页岩的弛豫和扩散特性是由增强表面弛豫和受限扩散控制的。因此，利用 NMR 数据定量识别游离气和吸附气是一个挑战。

20 多年来，NMR 已被广泛用于常规油气藏的岩石物理实验和地球物理测井中，如砂岩和碳酸盐岩储层，一些岩心实验结果可为测井解释提供指导，帮助构建岩石物理模型（Decker et al.，1990；Rick，2004；Arvie et al.，2005）。遗憾的是，核磁共振测量和核磁共振测井并没有在典型的页岩气藏中得到广泛应用（Ross and Bustin，2007，2008；Curtis，2012）。近年来，Sigal 和 Odusina（2011）在实验室测量了饱和甲烷的 Barnett 页岩核磁共振，得到了核磁共振 T_2 分布，但是水、气的 T_2 分布重叠在一起，难以分辨。Kausik 等（2011）对有机页岩岩心进行了一些实验研究，认为在较高压力和温度下干酪根中气体是可以测量的。Rylander 等（2010）研究了 Eagle Ford 页岩核磁共振 T_2 分布特征，并分析了束缚油和可动油的 NMR 特征。当页岩 T_2 信号超过 10ms 时，沥青的弛豫信号不能探测到，NMR

孔隙度被低估，而且束缚水和可动油在 T_2 分布上难以区分，所以对有机页岩也要发展二维核磁共振探测技术。

4.1.1　核磁共振数值模拟与响应特征

1. 含气页岩模型

在含气页岩中，岩石骨架包括黏土矿物、石英、长石等矿物以及干酪根，孔隙空间包括基质孔隙、裂缝和溶洞（Kausik *et al.*，2011），图 4-1（a）为含气页岩的二维扫描电镜分析结果。黏土中包含黏土水，干酪根孔隙中包含游离气以及吸附在表面上的吸附气，没有可动水和可动油；图 4-1（b）为含气页岩的岩石物理体积模型。

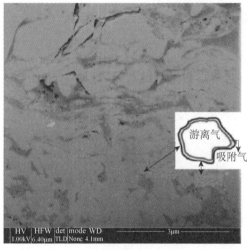

（a）扫描电镜　　　　　　（b）岩石物理体积模型

图 4-1　含气页岩二维扫描电镜与岩石物理体积模型

2. 页岩气的 NMR 弛豫与扩散机理

由于干酪根的纳米孔中气体分子是吸附的或游离的，而且，这两个状态在 NMR 弛豫时间尺度上快速变换，难以区分，因此其弛豫可以表示为

$$\frac{1}{T_{ieff}} = \frac{1-\varepsilon}{T_{ifree}} + \frac{\varepsilon}{T_{iadsorbed}} \tag{4-1}$$

式中，ε 和 $1-\varepsilon$ 分别为吸附气和游离气的含量；$i =1$ 或 2，分别指 T_1 和 T_2。

在含气页岩中，分子扩散遵循体扩散和努森扩散体制（Zielinski *et al.*, 2010），前者与分子–分子碰撞有关，后者以分子–表面碰撞主导。

$$D_k = \frac{D_{0k}}{\tau_k}, D_b = \frac{D_{0b}}{\tau_b} \tag{4-2}$$

式中，下标 k 表示"努森扩散"，b 表示"体扩散"。因此，整体上扩散系数是两种扩散的和，即

$$\frac{1}{D_{gas}} = \frac{1}{D_b} + \frac{1}{D_k} \tag{4-3}$$

因此，有效扩散系数可以写成在每种扩散适当加权的总和：

$$D_{eff} = \varepsilon D_{adsorbed} + (1-\varepsilon) D_{gas} \tag{4-4}$$

式中，$D_{adsorbed}$ 和 D_{gas} 分别为吸附气和游离气的扩散系数。

3. 数值模拟和响应特征

首先，假定一个简单的页岩模型，包括束缚水、游离气和吸附气。在含气页岩中，其流体特性可以通过页岩岩心实验预先设置（Coates *et al.*, 1999; Kausik *et al.*, 2011）。束缚水的 T_2 和 D 分别约为 20ms 和 2.5×10^{-5}cm²/s，游离气的 T_2 和 D 分别约为 50ms 和 6.0×10^{-4}cm²/s。根据在纳米孔中气的 NMR 弛豫和扩散机制，T_2 较短，D 较小。在 Haynesville 含气页岩岩心 NMR 实验（Cao *et al.*, 2012）中，吸附气的 T_2 设定为 1.0ms，扩散系数 D 设定为 1.0×10^{-4}cm²/s。然后，在给定的页岩中，可以计算出不同吸附气比例的有效弛豫时间 T_{2eff} 和扩散参数 D_{eff}，最终从 T_2-D 图中识别流体性质。

图 4-2 为不同吸附气含量模型的二维核磁共振模拟结果。通常，吸附气、游离气和束缚水在 T_2-D 图上彼此分开，而且流体的信号与气体饱和度或含气比例一致性好。

4. NMR 观测模式

在常规油气储层中，二维核磁共振流体评价针对总孔隙中的自由流体部分，因此在水湿孔隙中，脉冲序列被设计适用为长弛豫流体和烃分子自由扩散。对于非常规油藏来说，如页岩气或页岩油，所关注的流体弛豫是快速的，处在束缚流体区域。

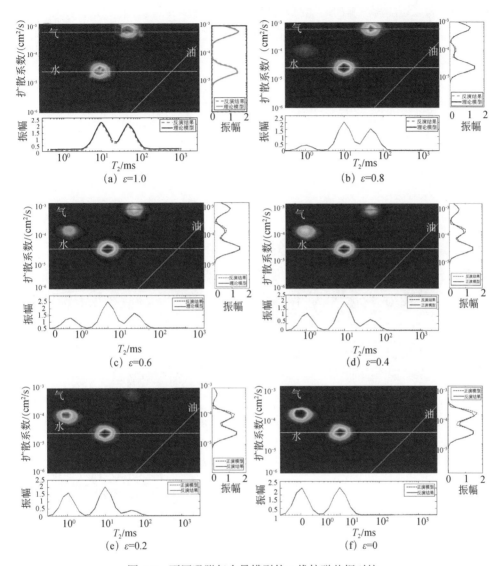

图 4-2　不同吸附气含量模型的二维核磁共振对比

当吸附气和游离气含量相同时，即 $\varepsilon=0.5$，使用原有采集序列进行数值模拟，$T_E=$（0.45，2，3，5，8，12）ms，$T_E=0.45$ms 的回波串数量为 1002，其他均为 802（Cao et al.，2012），反演的平均相对误差为 0.2525。因此，本节提出了一个新的脉冲序列，其为 $T_E=$（0.2，0.3，2，5，8，12）ms，回波串的数目为 $720\times0.6/T_E$，反演的平均相对误差约为 0.1479。由图 4-3 可以看出，新的脉冲序列的流体识别精度更高。

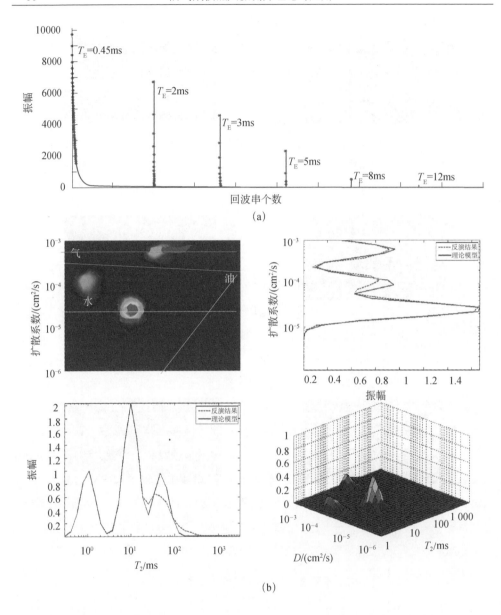

(a)

(b)

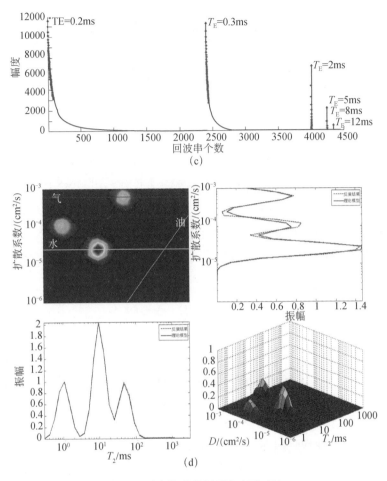

图 4-3　页岩核磁共振采集序列对比

4.1.2　核磁共振实验与响应特征

1. 有机页岩核磁共振实验

实验中，等待时间为 5.0s，回波间隔为 0.6ms，回波个数为 1024，扫描和叠加次数为 128。共测量页岩岩心 11 颗，获得了核磁共振孔隙度、黏土水体积、有效孔隙度和 T_2 几何平均值（T_{2LM}）（表 4-1）。此外，还进行了常规实验，获得了总有机碳含量（TOC）、干酪根等地球化学参数。11 颗岩心的 NMR 平均孔隙度约为 4.35%，而常规孔隙度约为 5.70%，NMR 孔隙度比常规孔隙度略低。测得的空气渗透率分布在 $0.07 \times 10^3 \sim 816 \times 10^3 nD$[①]，平均为 $268.7 \times 10^3 nD$。TOC 为 0.45%~2.69%。

---

① 　1D=0.986923×10⁻¹²m²，达西。

表 **4-1**　页岩岩心 **NMR** 实验和常规实验结果对比

序号	岩心号	样品体积	NMR 实验				常规实验		
			孔隙度/%	黏土水体积/%	有效孔隙度/%	T_{2LM}/ms	孔隙度/%	渗透率/10^3nD	TOC/%
1	H6	29.44	6.7	6.6	0.1	0.3	6.27	2.25	0.87
2	H7	28.90	6.9	6.9	0.1	0.3	6.57	0.07	0.45
3	H9	29.03	7.2	7.1	0.1	0.3	6.57	1.52	0.91
4	HY17	31.61	2.5	1.8	0.7	1.2	5.96	790	2.67
5	HY19	33.02	3.8	3.4	0.4	0.4	5.92	75.9	2.31
6	H21	21.45	5.4	5.1	0.3	0.3	6.65	190	2.14
7	H29	24.36	4.5	4.2	0.3	0.3	6.69	346	2.36
8	H33	13.53	3.5	2.9	0.4	0.5	7.60	816	2.69
9	H39	29.73	3.3	3.1	0.2	0.3	5.52	589	1.77
10	H42	29.61	2.2	1.8	0.4	0.8	2.80	130	0.95
11	H48	31.33	1.9	1.7	0.2	0.5	2.12	15.1	0.61

2. 核磁共振响应特征

　　页岩核磁共振 T_2 分布被分为两种类型：非连续双峰 T_2 分布（Ⅰ型）和连续双峰 T_2 分布（Ⅱ型），如图 4-4 所示。Ⅰ型页岩核磁共振 T_2 分布具有显著的左峰，其弛豫时间约为 1ms；其右峰幅度低，弛豫时间为 8～80ms，整个 T_2 分布是不连续的。实验中，有三颗岩心为该类型。与Ⅰ型页岩不同，Ⅱ型页岩核磁共振 T_2 分布是连续的，并且左、右峰值之间的幅度差比Ⅰ型页岩小得多。左峰弛豫时间为 0.8～2.0ms，右峰弛豫时间为 2.0～200ms，分布范围更宽，说明Ⅱ型比Ⅰ型有较大的孔隙和裂缝。Ⅱ型页岩的渗透率比Ⅰ型页岩高得多。

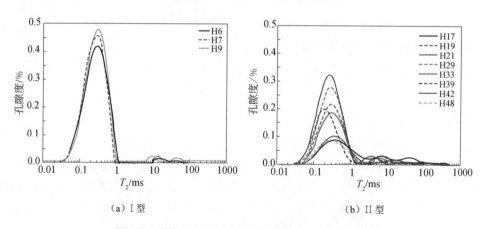

（a）Ⅰ型　　　　　　　　　　（b）Ⅱ型

图 **4-4**　页岩 **NMR** 实验和不同类型的 T_2 分布对比

4.2　核磁共振解释模型和测井解释方法

4.2.1　影响因素分析

核磁共振的理论研究表明，对于饱和流体的岩石，NMR 测量的弛豫信号是流体而非骨架，所以 NMR 测量可提供精确的、与矿物无关的孔隙度（Coats *et al.*，1999）。大量学者的实验研究证实，砂岩和碳酸盐岩储层核磁共振孔隙度与常规孔隙度之间的绝对误差一般小于 1.0%（肖立志，1998；Coates *et al.*，1999；Dunn *et al.*，2002）。所以，NMR 孔隙度与常规孔隙度相同，但是在页岩中并非如此。

图 4-5 为 11 个页岩岩心 NMR 孔隙度和常规孔隙度的比较。有的岩心与常规孔隙度相同，有的 NMR 孔隙度偏低，其平均相对误差约 26.66%。

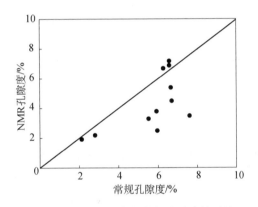

图 4-5　NMR 孔隙度与常规孔隙度的对比

为了研究引起 NMR 孔隙度误差的影响因素，构建了一些交会图，如图 4-6 所示。图 4-6（a）为 NMR 孔隙度和黏土含量的关系，可以看出，随着黏土含量的增加 NMR 孔隙度增加。因此，黏土含量不是引起 NMR 孔隙度减小的主要原因。为了进一步探索这个问题，计算出了常规孔隙度和 NMR 孔隙度之间的孔隙度差。图 4-6（b）和（c）为孔隙度差与黏土含量、含气饱和度的关系，并未出现随黏土含量增加而增加的现象，这表明页岩黏土含量和含气饱和度不是主要影响因素。如图 4-6（d）所示，对于 NMR 孔隙度偏低的岩心，NMR 孔隙度随 TOC 的增加而减小，但其孔隙度差随 TOC 的增大而增大 [图 4-6（e）]。此外，如图 4-6（f）所示，TOC 与黄铁矿含量成正比，这表明 NMR 孔隙度与黄铁矿含量有关，黄铁矿含量增加使得 NMR 孔隙度降低。众所周知，黄铁矿富含铁（Fe）并具有高磁化率，这将加速 NMR 回波衰减，所以，在页岩 NMR 实验中流体弛豫信号很难捕捉到，故测量的孔隙度偏低。此外，图 4-6（g）和（h）显示了干酪根含量与黄铁矿含量是正相关的，进一步验证了黄铁矿与干酪根是互相联系的。因此，黄铁矿等铁磁性矿物以及干酪根是造成 NMR 孔隙度偏低的主要原因。

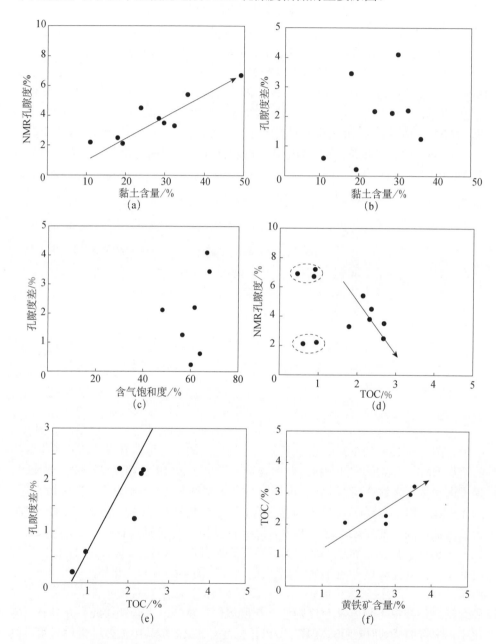

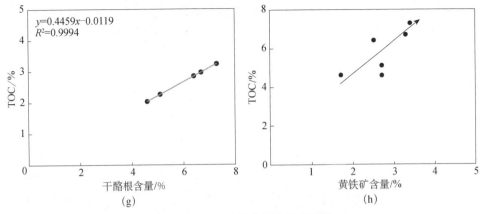

图 4-6　NMR 孔隙度影响因素分析

4.2.2　核磁共振测井解释模型

1. 孔隙度校正模型

研究发现，NMR 孔隙度偏差与干酪根含量和黄铁矿含量具有正相关性，而干酪根含量与 TOC 直接相关，TOC 可由测井数据计算得出（Passey *et al.*，2010；Tan *et al.*，2013a，2013b）。因此，可以建立如下 NMR 孔隙度校正模型：

$$\phi_{\mathrm{NMR,corr}} = \phi_{\mathrm{NMR}} + 1.498 \cdot \mathrm{TOC} - 0.8824 \tag{4-5}$$

式中，$\phi_{\mathrm{NMR,corr}}$ 为 NMR 校正孔隙度，%；TOC 为总有机碳含量，%。

2. 渗透率模型

渗透率为含气页岩产能评价的一个重要参数。通常，页岩的渗透性较低难以准确预测。核磁共振测量能够提供有效孔隙度、黏土束缚水体积、自由流体体积等参数。通过构建渗透性和 NMR 孔隙度之间的关系，可为页岩渗透率预测提供方法。图 4-7 为渗透率与常规孔隙度、NMR 孔隙度交会图。可以看出，两者相关性都较差，渗透率并不随着孔隙度的增大而增大［图 4-7（a）、（b）］。图 4-7（a）显示三颗孔隙度较大的岩心其渗透率较低，表明这类孔隙对有机页岩的渗透性没有贡献。这说明干酪根或矿物颗粒间微细孔是孤立的，并不与外部连通，从而阻碍了流体在其中的渗透。这三颗岩心为表 4-1 中的 H6、H7 和 H9，属于 I 型页岩，其束缚流体体积很高，而可动流体体积很小，且 TOC 也较低。这说明微细黏土颗粒中的水是绝对不可动水，并影响渗透性。为此，本节建立渗透率与 NMR 有效孔隙度的关系［图 4-7（c）］，渗透率与 NMR 有效孔隙度成正比。图 4-7（d）为渗透率与黏土束缚水体积的关系，其数值随着束缚流体的增大而减小。因此，渗透率并非随着常规孔隙度或 NMR 孔隙度的增大而增大，而是随着 NMR 有效孔隙度的增大而增大，随着黏土束缚水体积的增大而减小。为此，建立如下渗透率模型：

$$K_{\mathrm{NMR}} = 89.5 \cdot \left(\frac{\phi_{\mathrm{e}}}{\phi_{\mathrm{CBW}}}\right)^{1.79} \tag{4-6}$$

式中，ϕ_{CBW} 为黏土束缚水体积，%；ϕ_{e} 为 NMR 有效孔隙度，%；K_{NMR} 为绝对渗透率，$10^{-6}\mu\mathrm{m}^2$。

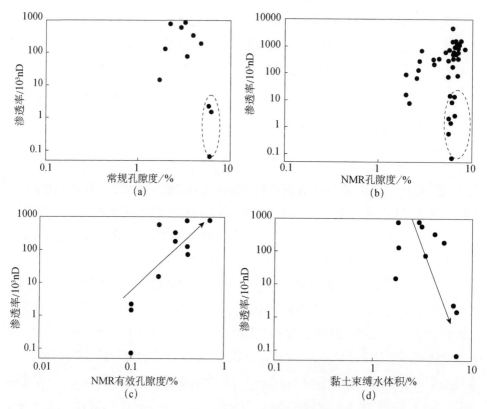

图 4-7　页岩渗透率与常规孔隙度、NMR 孔隙度、NMR 有效孔隙度、黏土束缚水体积间的关系

3. 饱和度模型

根据 30 颗 Haynesville 页岩岩心含气饱和度实验，通过建立含气饱和度与 NMR 孔隙度之间的关系来研究页岩气测井解释模型。研究得出，含气饱和度与 NMR 有效孔隙度、TOC、干酪根含量的相关性较好（图 4-8）。随着 NMR 有效孔隙度的增大，含气饱和度逐渐增大 [图 4-8（a）]；随着 TOC、干酪根含量的增大，含气饱和度增大 [图 4-8（b）、（c）]。为了研究 NMR 有效孔隙度对含气饱和度的贡献，构建了 NMR 有效孔隙度指数（$S_{\mathrm{eff,NMR}}$），表示 NMR 有效孔隙度占 NMR 孔隙度的比例：

$$S_{\text{eff, NMR}} = \frac{\phi_{\text{e}}}{\phi_{\text{NMR}}} \tag{4-7}$$

式中，ϕ_{NMR} 为 NMR 孔隙度，%；ϕ_{e} 为 NMR 有效孔隙度，%。

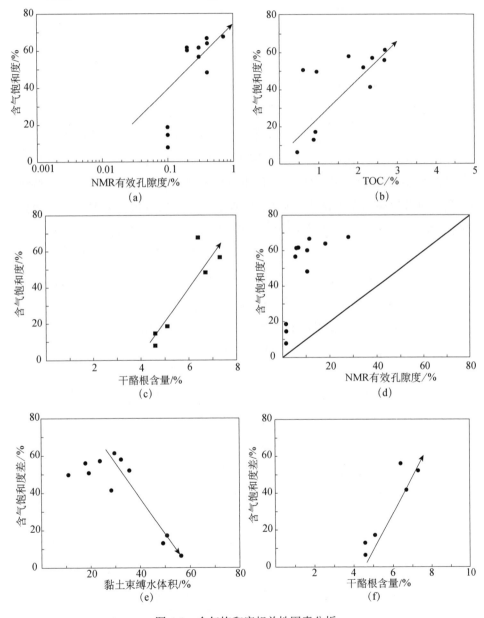

图 4-8　含气饱和度相关性因素分析

　　图 4-8（d）为含气饱和度与 NMR 有效孔隙度交会图，所测量的含气饱和度比 NMR 有效孔隙度高。这表明 NMR 有效孔隙中不仅包括长弛豫的游离气，还包括快速弛豫的"黏土束缚水"。要进一步分析含气饱和度和 NMR 有效孔隙度之间的关系，将含气饱和度和 NMR 有效孔隙度指数之差定义为含气饱和度差：

$$S_{\text{gasdiff}} = S_{\text{gas}} - S_{\text{eff,NMR}} \tag{4-8}$$

　　如果 S_{gasdiff} 值较小，说明对含气饱和度的贡献主要是 NMR 有效孔隙度。相反，如果 S_{gasdiff} 值较大，说明吸附在小孔隙和干酪根中的吸附气也对含气饱和度有贡献。研究认为，S_{gasdiff} 一般为 8%～82%，大多在 70% 以上，这表明吸附在干酪根或小孔隙中的吸附气比例较大。为了进一步说明这个推断，本节构造了两个交会图。图 4-8（e）为含气饱和度差和黏土束缚水体积交会图，含气饱和度差随黏土束缚水体积的增加而减小。表明核磁共振"黏土"水体积与真黏土水体积、含气饱和度差溶解含气含量不大相关。图 4-8（f）为含气饱和度差和干酪根含量交会图，含气饱和度差与干酪根含量呈线性正相关。所以，干酪根是导致含气饱和度差的主要原因，并且吸附气对含气饱和度的贡献远大于游离气。

　　含气饱和度既要考虑到有效孔隙度中的游离气，也要考虑到"黏土水"部分的吸附气。因此，基于核磁共振的含气饱和度模型构建如下：

$$S_{\text{gas}} = -0.5624 \frac{\phi_{\text{CBW}}}{\phi_{\text{NMR}}} + 0.5551 \frac{\phi_{\text{e}}}{\phi_{\text{NMR}}} + 14.35 V_{\text{kero}} \tag{4-9}$$

$$R^2 = 0.9938$$

式中，V_{kero} 为干酪根含量，%。

　　根据有机页岩中流体赋存机理，其中水呈束缚状态，干酪根和吸附气的核磁共振 T_2 弛豫时间很短（Sigal and Odusina，2011），在 T_2 分布上，干酪根、吸附气与黏土束缚水是重叠在一起的。为了区别干酪根、吸附气与黏土束缚水，本节建立了一个指示参数进行分析，即 NMR 黏土束缚水饱和度或 NMR 不可动水饱和度：

$$S_{\text{wirr}} = \frac{\phi_{\text{CBW}}}{\phi_{\text{NMR}}} \tag{4-10}$$

式中，ϕ_{CBW} 为 NMR 黏土束缚水体积，%；S_{wirr} 为 NMR 不可动水饱和度，%。

　　图 4-9（a）为含水饱和度测量结果与 NMR 黏土束缚水饱和度交会图。可以看到，含水饱和度比 NMR 不可动水饱和度低得多，这表明 NMR 黏上束缚水体积除了真正黏土束缚水体积外，还包括其他流体。为此，构建了一个参数，即含水饱和度之差，用来描述 NMR 不可动水饱和度与含水饱和度之间的差异：

$$S_{\text{waterdiff}} = S_{\text{wirr}} - S_{\text{water}} \tag{4-11}$$

式中，$S_{\text{waterdiff}}$ 为含水饱和度之差，%；S_{water} 为含水饱和度。

图 4-9（b）和（c）分别为含水饱和度之差与 TOC、干酪根含量的交会图，从 NMR 黏土束缚水体积计算得到含水饱和度与实验测量的含水饱和度之差、TOC 和干酪根含量呈正相关。而且，含水饱和度之差与干酪根含量有极好的线性关系。这恰好表明干酪根或吸附气位于 T_2 分布的短弛豫部分，与黏土束缚水重叠在一起。这说明，NMR 测量的黏土束缚水并非真正的黏土束缚水，其中还包括干酪根或者吸附气的贡献。

另外，有机页岩中的水主要包括黏土束缚水和有效孔隙度中的毛管束缚水，其含水饱和度应为 NMR 测量两者的叠加。因此，基于 NMR 孔隙度建立如下含水饱和度模型：

$$S_{\text{water}} = 0.7965 \frac{\phi_{\text{CBW}}}{\phi_{\text{NMR}}} + 0.1568 \frac{\phi_{\text{e}}}{\phi_{\text{NMR}}}$$

$$R^2 = 0.9019$$

(4-12)

当然，利用实验测量的饱和度结果也可以构建含水饱和度与含气饱和度的关系［图 4-9（d）］：

$$S_{\text{water}} = 1.0 - 1.011 S_{\text{gas}}$$

$$R^2 = 0.9996$$

(4-13)

式中，S_{gas} 为含气饱和度。

显然，含油饱和度（S_{oil}）可以由式（4-14）得到：

$$S_{\text{oil}} = 1 - S_{\text{water}} - S_{\text{gas}}$$

(4-14)

至此，基于 NMR 孔隙度的有机页岩流体饱和度的评价模型构建完成。

4. 基于核磁共振 T_2 分布的页岩孔隙结构研究

由式（1-6）可知，饱和水岩石核磁共振的 T_2 分布主要反映多孔介质的比表面积。页岩中细微孔隙越发育，则其比表面积越大，岩石的弛豫时间越短。因此，根据核磁共振 T_2 分布可以分析页岩的比表面积特征。相对于其他实验方法，核磁共振实验具有更高的工作效率和更加明确的物理机理。由式（1-6）推导，可得到反映比表面积分布的形式：

$$\frac{S}{V} = \frac{1}{\rho_2} \cdot \frac{1}{T_2}$$

(4-15)

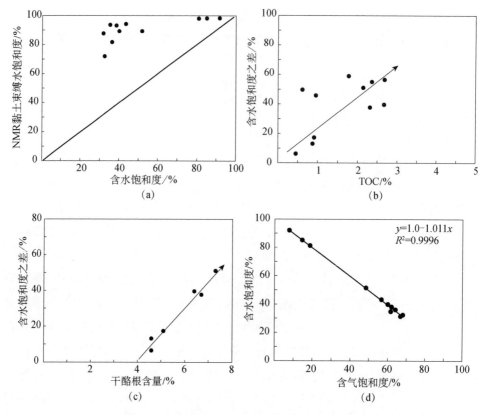

图 4-9　含水饱和度相关性因素分析与模型构建

　　如果孔隙是由球体组成的，则 $S/V=3/r_c$；如果喉道是由理想的圆柱体组成的，则 $S/V=2/r_c$。从图 4-1 所示有机页岩微观切片来看，页岩孔隙为柱状喉道。故式（4-15）变为

$$\frac{2}{r_c} \approx \frac{1}{\rho_2} \cdot \frac{1}{T_2} \qquad (4\text{-}16)$$

　　根据 Sondergeld 等（2012）的研究结果，页岩表面横向弛豫强度系数平均约为 0.051。因此，根据式（4-15）计算得到 H12 岩心比表面积分布，如图 4-10 所示。可以看出，页岩比表面积主要分布在 3.59～80.55μm^{-1}，平均孔隙半径约为 0.1μm，属于微孔隙的范畴 [图 4-10（b）、（c）]。

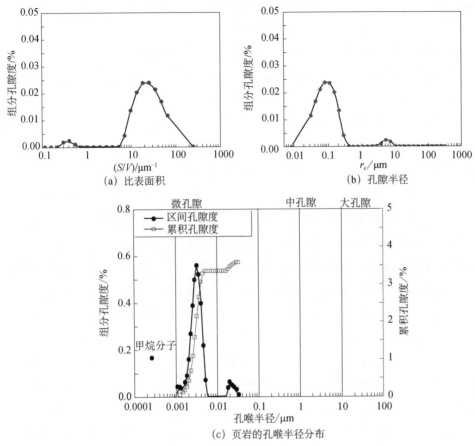

(a) 比表面积　　　　　　　　　　(b) 孔隙半径

(c) 页岩的孔喉半径分布

图 4-10　基于核磁共振的页岩比表面积分布特征与孔径分布

4.2.3　实例分析

实例井的探测目标为 Haynesville 页岩，测井项目包括自然伽马（GR）、自然电位（SP）、阵列感应测井（AIT）、声波测井（DT）、岩性密度测井（RHOB+PE）、补偿中子测井（NPHI）、CMR 测井以及自然伽马能谱测井包括铀（U）、钍和钾（K）。同时，在有机页岩的目标层钻取了 49 颗岩心，并在实验室中进行了 TOC 测量。

首先，利用式（4-5）进行 NMR 孔隙度计算与校正，为此要对 TOC 进行预测。由于岩心 TOC 与测井的相关性比较差，用 RBF 法计算了 TOC 含量（TOCR），如图 4-11 第六道所示。可以看出，其计算结果比经验公式好。然后，用图 4-6（g）中所示的公式由 TOC 计算得到干酪根含量，用式（4-5）计算得到校正后的 NMR 孔隙度（TCMR）。绝对渗透率和含水饱和度由式（4-6）和式（4-16）分别计算得出，其结果如图 4-11 所示。

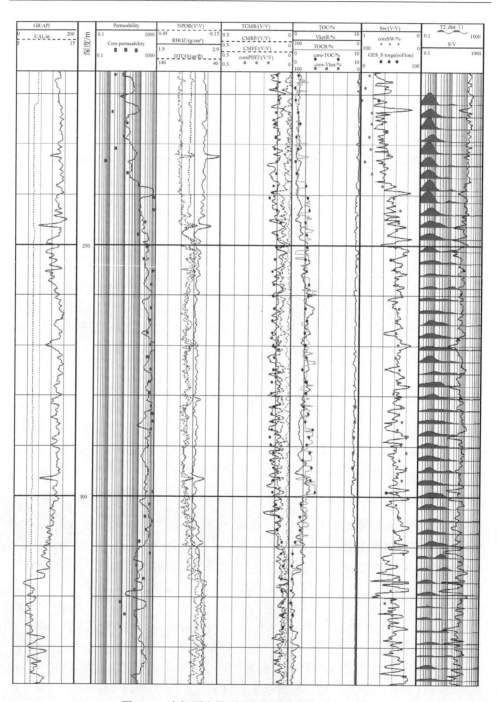

图 4-11　有机页岩核磁共振解释实例与结果分析

　　为了验证上述解释结果，对钻取的 3 颗岩心进行了 Langmuir 吸附等温线试验，在地层压力条件下，得到其含气量。图 4-12 为含气量与基于 NMR 计算出的含气饱和度之间的关系。可以看出，随着含气饱和度的增加，测量的含气量也增大，验证了上述含气饱和度计算方法是正确的。而且，实验表明有机页岩中的天然气以吸附气为主。

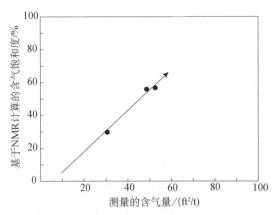

图 4-12　基于 NMR 计算的含气饱和度与测量的含气量的关系

$1ft^2 = 9.290304 \times 10^{-2} m^2$

　　核磁共振实验表明，有机页岩中的天然气不仅包括可动流体体积中的游离气，还包括吸附在干酪根和黏土束缚水中的吸附气。干酪根及其吸附气位于核磁共振 T_2 分布的束缚流体部分，往往与黏土束缚水重叠在一起。此外，吸附气对总含气饱和度的贡献比游离气大。有机页岩的 NMR 孔隙度比常规孔隙度偏低，其主要原因是黄铁矿或干酪根、吸附气吸附在黏土颗粒和干酪根表面。在 T_2 分布上干酪根、吸附气与束缚流体叠加在一起。基于核磁共振实验提出的孔隙度、渗透率、饱和度解释模型为页岩气测井解释和定量评价提供了新的方法。

　　从以上分析可以看出，有机页岩孔隙系统主要由三部分组成：黏土内孔隙、干酪根孔隙和非黏土矿物间孔隙。图 4-13 为基于核磁共振的岩石物理模型，描述了页岩孔隙组分与核磁组分孔隙度的关系。

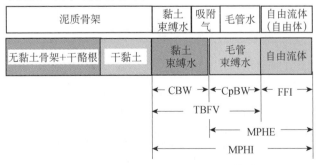

图 4-13　有机页岩的核磁共振岩石物理模型

图 4-14 为 PY1 井 NMR 测井数据处理与解释成果图。

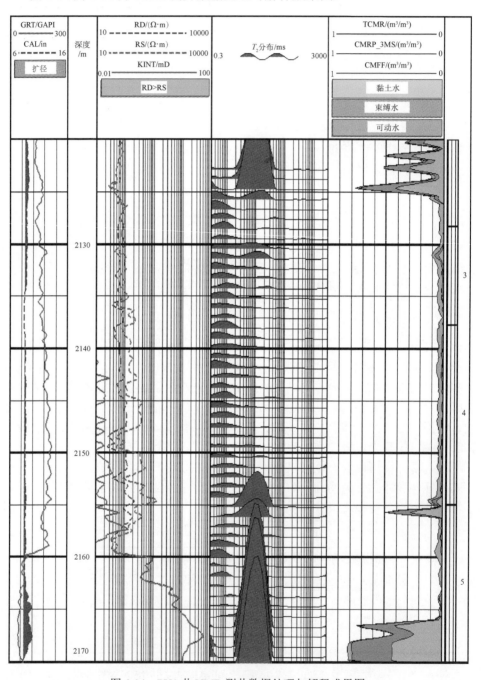

图 4-14　PY1 井 NMR 测井数据处理与解释成果图

4.3　有机页岩的分形维研究

4.3.1　页岩储层的分形维研究

20 世纪 80 年代初，法国著名数学家 Mandelbrot 创立了新兴学科分形几何学，为解决各种复杂的自然现象开辟了一条简单而有效的途径。根据分形理论，在拓扑维数的空间孔隙体积分布表示为（贺承组、华明琪，1998；李军等，2013）

$$V \propto r^{3-D} \tag{4-17}$$

式中，V 为半径为 r 的孔隙体积；D 为孔径分布分形维数，其值在 2～3 变动。

将式（4-17）对 r 求导，得到孔径分布函数（$\mathrm{d}V/\mathrm{d}r$）的表示式：

$$\frac{\mathrm{d}V}{\mathrm{d}r} \propto r^{2-D} \tag{4-18}$$

根据分形几何原理，对式（4-18）进行积分，得到孔隙半径大于 r 的累积孔隙体积 V（$>r$）：

$$V(>r) = \int_r^{r_{\max}} ar^{2-D}\mathrm{d}r = b(r_{\max}^{3-D} - r^{3-D}) \tag{4-19}$$

式中，$r_{\max}$ 为储层岩石的最大孔隙半径；a 为比例常数，$b = a/(3-D)$。

同理，得到孔隙半径小于 r 的累积孔隙体积 V（$<r$）：

$$V(<r) = \int_{r_{\min}}^r ar^{2-D}\mathrm{d}r = b(r^{3-D} - r_{\min}^{3-D}) \tag{4-20}$$

式中，$r_{\min}$ 为储层岩石的最小孔隙半径。

因此，储层的总孔隙体积 V 为

$$V = b(r_{\max}^{3-D} - r_{\min}^{3-D}) \tag{4-21}$$

通过式（4-20）与式（4-21），可以得出孔隙半径小于 r 的累积体积分数 S 的表达式：

$$S = \frac{V(<r)}{V} = \frac{r^{3-D} - r_{\min}^{3-D}}{r_{\max}^{3-D} - r_{\min}^{3-D}} \tag{4-22}$$

由于 $r_{\min} \ll r_{\max}$，式（4-22）可简化为

$$S = \frac{r^{3-D}}{r_{\max}^{3-D}} \tag{4-23}$$

根据油层物理学中对饱和度的定义，孔隙半径小于 r 的累积孔隙体积百分数 S 就是润湿相的饱和度。

根据 Laplace 方程式：

$$P_c = \frac{2\sigma \cos \theta}{r} \tag{4-24}$$

式中，P_c 为半径 r 的孔隙对应的毛管压力；σ 为界面张力；θ 为液体与岩石的接触角。

将式（4-24）代入式（4-23）中可得到：

$$S = \left(\frac{P_c}{P_{c\min}} \right)^{D-3} \tag{4-25}$$

4.3.2　分形维数的确定

核磁共振的弛豫机制有三种，分别为颗粒表面弛豫、流体进动引起的体弛豫和梯度场中分子扩散引起的扩散弛豫。弛豫时间也由这三部分组成，即

$$\frac{1}{T_2} = \rho_2 \frac{S}{V} + \frac{1}{T_{2B}} + \frac{D_a(G\gamma T_E)^2}{12} \tag{4-26}$$

式中，ρ_2 为孔隙横向表面弛豫率；S/V 为孔隙的比表面积；T_{2B} 为体积流体横向弛豫时间；D_a 为孔隙流体的视扩散系数；G 为磁场梯度；γ 为氢质子的旋磁比；T_E 为回波间隔。

当孔隙中仅饱和一种流体时，体积弛豫项可以忽略；当磁场均匀，回波间隔 T_E 足够短时，扩散弛豫项也可以忽略。此时：

$$\frac{1}{T_2} = \rho_2 \frac{S}{V} \tag{4-27}$$

式（4-24）与式（4-27）的左右项分别相除，得到：

$$P_c T_2 = \frac{2\sigma V \cos \theta}{\rho_2 S r} \tag{4-28}$$

令 $C = \dfrac{2\sigma V \cos \theta}{\rho_2 S r}$，于是式（4-28）可以简化为

$$P_c = C / T_2 \tag{4-29}$$

因此，式（4-25）右边项可以替换为

$$\left(\frac{P_c}{P_{c\min}} \right)^{D-3} = \frac{T_2^{3-D}}{T_{2\max}^{3-D}} \tag{4-30}$$

核磁共振 T_2 分布曲线与横坐标之间的面积可以近似认为是地层孔隙度。利用核磁共振 T_2 分布计算得到进汞饱和度为

$$S = \frac{\int_{T_2}^{T_{2\max}} A \mathrm{d}T_2}{\phi} \tag{4-31}$$

式中，A 为 T_2 分布幅度值；$\phi = \int_{T_{2\min}}^{T_{2\max}} A \mathrm{d}T_2$，为地层的总孔隙度。

用式（4-31）和式（4-30）分别替换式（4-25）的左右两边，即

$$\frac{\int_{T_2}^{T_{2\max}} A \mathrm{d}T_2}{\phi} = \frac{T_2^{3-D}}{T_{2\max}^{3-D}} \tag{4-32}$$

等式两边同时对 T_2 计算二阶导数，并取对数，得

$$\lg \frac{\mathrm{d}A}{\mathrm{d}T_2} = \lg \left[\frac{\phi(D-3)(2-D)}{T_{2\max}^{3-D}} \right] + (1-D)\lg T_2 \tag{4-33}$$

根据式（4-33）可以看出：在双对数坐标上，$\lg \dfrac{\mathrm{d}A}{\mathrm{d}T_2}$ 与 $\lg T_2$ 存在线性关系。因此，根据核磁共振 T_2 分布数据作 $\lg \dfrac{\mathrm{d}A}{\mathrm{d}T_2}$ -$\lg T_2$ 关系图，根据斜率可以求得页岩分形维数。

实际处理中，由于 $\dfrac{\mathrm{d}A}{\mathrm{d}T_2} > 0$ 时，式（4-33）才有意义。而核磁共振 T_2 分布曲线主要是对称的单峰或者双峰曲线，峰的左边呈上升趋势，$\lg \dfrac{\mathrm{d}A}{\mathrm{d}T_2}$ 有实际意义；峰的右边呈下降趋势，$\lg \dfrac{\mathrm{d}A}{\mathrm{d}T_2}$ 无实际意义。因此，考虑到峰的对称性，当 $\dfrac{\mathrm{d}A}{\mathrm{d}T_2} < 0$ 时，直接取绝对值。

4.3.3　分形维对页岩孔隙结构的表征

实验中选取的岩心采自位于美国得克萨斯州东部 Haynesville 页岩区块的 JT Ross1 井。结合岩心实验数据，将该区页岩符合分形特征的孔隙按孔径划分为三类：孔径大于 50nm 的渗流孔隙、孔径介于 2～50nm 的凝聚-吸附孔隙、孔径小于 2nm 的吸附孔隙。D_1 是页岩储层渗流孔隙的分形维，D_2 是吸附孔隙的分形维。利用式（4-33）计算页岩样的分形维，如图 4-15 所示。

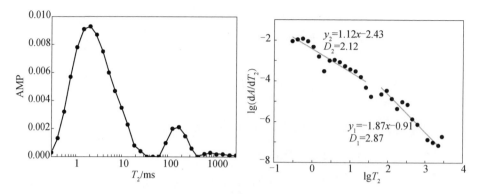

图 4-15　有机页岩核磁共振 T_2 分布与分形特征

1. 分形维与 TOC 的关系

图 4-16 为页岩岩心分形维与 TOC 的交会图。由图可以看出，页岩渗流孔隙的分形维 D_1 与 TOC 呈弱正相关关系，吸附孔隙的分形维 D_2 与 TOC 的变化基本无关。随着 TOC 的增加，页岩生烃能力增强，吸附孔隙的数量并未发生明显变化，而渗流孔隙的数量明显减少，非均质性增加，页岩的孔隙结构更加复杂，吸附能力增强，页岩气在开发过程中的可持续性增强。

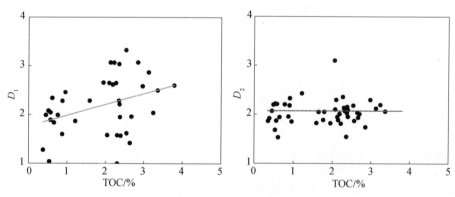

图 4-16　分形维与 TOC 的关系

2. 分形维与矿物成分的关系

图 4-17 为页岩岩心分形维与矿物含量的交会图。由图可以看出，渗流孔隙分形维 D_1 与黏土含量有弱正相关性，与方解石含量呈弱负相关，而与石英含量相关性不明显。吸附孔隙分形维 D_2 与黏土含量没有明显的线性关系，与方解石含量呈弱负相关，与石英含量呈弱正相关。这说明黏土含量的增加对吸附孔隙的分布基本无影响，但渗流孔隙减少，使得孔隙结构的非均质性增加。石英含量的增加使得

页岩孔隙结构的复杂程度增加，并且石英固有的脆性使得页岩中更容易产生裂缝。从图 4-17 可以很容易看出，方解石含量对页岩孔隙结构的影响最明显。随着方解石含量的增加，页岩孔隙的储集性能变好，主要原因可能是方解石的主要成分为碳酸钙，容易受到地下流体的溶蚀作用，使得对页岩孔隙结构分布得到进一步改进。

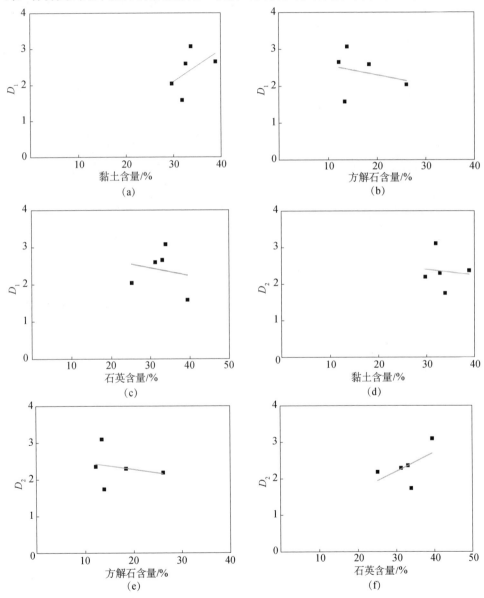

图 4-17　分形维与矿物含量的关系

3. 分形维与孔隙度的关系

图 4-18 为页岩岩心分形维与孔隙度交会图。由图可以看出，渗流孔隙分形维 D_1 与孔隙度没有明显的线性相关性，吸附孔隙分形维 D_2 与孔隙度有弱正相关性。反映在页岩中，增加的孔隙主要是吸附孔隙，而渗流孔隙变化不大，页岩孔隙在三维空间中的分布更复杂。

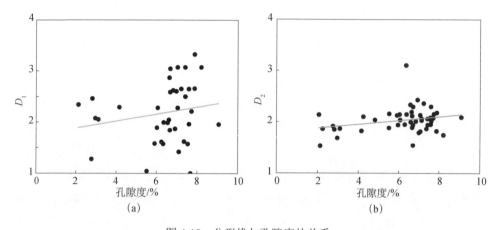

图 4-18　分形维与孔隙度的关系

分形维是页岩储集层孔隙结构特征的一种定量化表征方式，其与储层有机碳含量、矿物含量和孔隙度等都存在一定的关系，与页岩孔隙的空间展布和复杂程度有关。

第5章　火成岩核磁共振影响因素与测井解释方法

火成岩岩性复杂，核磁共振探测与解释应用面临挑战。本章将借助理论分析和岩石物理实验，通过核磁弛豫机理、数值模拟和岩石物理实验结果分析，开展影响因素分析，提出校正方法和解释模型，并讨论应用效果。

5.1　国内外研究进展

火成岩油气藏的油气勘探越来越引起人们的重视。但是，火成岩岩性种类多，矿物成分复杂，储集空间有裂缝、杏仁孔、孔洞等，常规测井解释和评价难度较大，必须借助测井新技术。但是，实际上火成岩油气藏岩石矿物成分、岩相、岩性种类复杂多样，导致该类储层岩石元素组成及微观孔隙结构与沉积岩储层差异很大。理论上，核磁共振测井信号基本不受岩石固体骨架的影响，只对孔隙流体氢核有响应。如果岩石骨架中存在诸如锰、铁等顺磁性物质，这将对核磁测井响应信号产生极为重要的影响。

20世纪90年代后期，核磁共振测井仪器投入使用以来，核磁共振测井影响因素及各部分弛豫机理对横向弛豫影响一直是人们探究的热点问题，许多学者做出了不懈的努力。1995年，Bergman等通过分析岩石孔隙内部磁场梯度对弛豫速率的影响，指出强内部磁场梯度会使核磁共振横向弛豫速率增大。1996年，Shaffer和Bernardo通过岩心实验的观察，指出孔隙内部磁场梯度的存在，使核磁共振 T_2 分布出现移谱现象，T_2 向变快弛豫方向移动，内部磁场梯度大小与孔喉半径之间存在一定的联系。2001年，Dunn等指出岩石内部磁场梯度使横向弛豫速率加快，导致计算的核磁共振孔隙度偏小，流体性质判别的不确定性增强，油的黏度的错误预测，并通过数值模拟定量计算出孔隙内部磁场梯度值，指出小孔隙具有大磁场梯度值，数值可以接近 100Gs/cm。2010年，彭石林等通过向不同岩性的岩样加入不同的顺磁性金属离子溶液，研究金属离子对核磁共振弛豫的影响。通过实验分析指出对于不含顺磁性离子的地层，核磁共振弛豫受地层水矿化度影响很小，但向其注入顺磁离子（如锰离子）对核磁共振 T_2 分布影响很大。当锰离子浓度足够大时，核磁共振水相氢质子弛豫特性很大一部分消失。

2003 年，Zhang 等通过分析三种不同孔隙模型的内部磁场梯度，指出 North Burbank 砂岩孔隙内部产生的磁场梯度大于由仪器产生的外部磁场梯度，这表明岩石固体骨架和孔隙流体表面间的高磁化率差可以导致强内部磁场梯度的产生。1995 年，Bergman 等分析了孔隙内部磁场梯度对弛豫速率的影响，指出孔隙内部强磁场梯度会使横向弛豫速率增强。1999 年，Shaffer 和 Bernardo 通过岩心实验观察到了内部磁场梯度使核磁共振 T_2 分布发生的移谱现象。2001 年，Zhang 通过实验研究指出，含海绿石砂岩扩散弛豫增强的主要原因是海绿石与孔隙流体之间高的磁化率差异而产生的强内部磁场梯度。2001 年，Dunn 等指出内部磁场梯度会使 T_2 弛豫速率增强，导致核磁计算孔隙度偏小，流体性质判别的不确定性增强和油黏度的错误预测。2003 年，Zhang 研究了三种孔隙模型的内部磁场梯度，指出 North Burbank 砂岩孔隙内部的磁场梯度要大于仪器施加的静磁场梯度，这表明骨架和流体表面的磁化率差可产生很强的内部磁场梯度。2009 年，Seungoh 指出内部磁场梯度致使核磁信号幅度变小的原因是磁场会使磁化矢量的横向分量产生附加散相。2010 年，Mitchell 等提出孔隙内部强磁场梯度的产生是多孔介质的骨架与填充在孔隙内部的流体间的磁化率的差异造成。在国内，2003 年，王忠东和王东通过向不同油品砂岩、灰岩、粗面岩注入以锰离子为主的弛豫添加剂并探究其核磁弛豫特性，实验表明：顺磁离子的存在会缩短水相弛豫时间，加快氢质子弛豫衰减速率，致使弛豫信号强度变弱，通过添加顺磁离子可以确定岩心的含油饱和度。2006 年，张诗青等对准噶尔盆地的火山岩进行核磁共振实验分析研究，优选出一套火山岩岩心核磁采集参数。2007 年，卢文东等基于 Dunn 的研究成果，通过数值模拟方法，指出磁场梯度对扩散弛豫的影响主要体现在长弛豫信号部分，长弛豫组分会向时间变短的方向移动，并通过对毛管压力曲线的分析，指出影响内部磁场梯度值的因素非常复杂，并不只决定于孔喉大小，小孔隙并不一定具有大的内部磁场梯度值。2009 年，谢然红等提出了利用 CPMG 脉冲回波序列为基础的（T_2，G）二维核磁共振方法，并通过添加 Fe_3O_4 的人造砂岩及绿泥石的人造泥质砂岩进行核磁共振岩心实验指出，顺磁性元素的持续增加导致孔隙内部磁场梯度持续增大，出现 T_2 组分减少和短弛豫组分丢失的现象，继而导致计算核磁共振孔隙度偏小。岩心核磁共振实验，指出顺磁性物质的存在会造成岩心核磁共振信噪比降低，从而造成核磁孔隙度计算值偏低。2011 年，周宇等通过分析来自不同地区的火成岩核磁数据与顺磁元素含量关系，指出火成岩核磁孔隙度误差明显高于砂岩，且相对误差随顺磁元素氧化物含量的增加而升高，并应用决策树方法对火成岩和砂岩的核磁共振孔隙度进行校正。2010 年，孙昌军等通过对大庆徐深、吉林长岭和新疆滴西三个地区 102 块不同岩性的火成岩岩心进行核磁共振岩心实验和元素含量实验并分析结果，指出顺磁性物质影响核磁信号主要有两方面：一是导致横向表面弛豫率增大；二是导致固体骨架与流体表面间磁化率差增大。2012 年，司马立强等通过对比国内某盆地大量岩心磁化率结果指出火成岩具有明显高于沉积岩的磁化率，火成岩磁化率随岩性从酸性到基性的变化逐渐增大，通过数值模拟指出强内部磁场梯度会使核磁信号衰减严重，并通过核磁共振 T_2 分布与岩心孔喉半径对比，指出火成岩核磁共振应用在小孔隙井段的效果明显差于大孔隙井段。2009 年，廖广志等的实验表明顺磁性矿物会使核磁信号信噪比降低，核磁计算的孔隙偏低。2009年，谢然红指出，随着顺磁物质的增加，孔隙内部磁场梯度会增大，出现短弛豫组分丢失的现象。

　　综合来看，强磁化率岩石会使岩石孔隙内部产生不能被忽略的强梯度磁场，强梯度磁场会使横向弛豫速度加快，影响核磁共振信号。因此，必须考虑上述影响因素，针对火成岩核磁共振测量开展数据处理和解释方法研究，提高核磁共振测井技术在火成岩储层划分、物性参数计算、流体识别方面的评价精度。该项研究不仅具有重要的理论研究意义，而且可以拓宽核磁共振应用领域，提高火成岩测井解释精度，也具有重要的实际应用价值。

5.2　火成岩核磁共振影响因素实验分析

　　针对核磁共振测井孔隙度偏小的情况，对不同类型的火成岩岩心进行核磁共振实验、常规孔渗实验、岩电实验和磁化率实验，以及岩石的矿物组分、元素含量等实验。通过分析实验结果，研究火成岩核磁共振影响因素。

5.2.1　火成岩岩石物理实验

1. 火成岩核磁共振实验

　　影响岩样 NMR 孔隙度大小的因素主要包括仪器测量方式、测试参数、岩样微观孔隙结构及其固体骨架。核磁共振仪器测试参数主要包括等待时间 T_W、回波间隔时间 T_E、回波个数 N_E 及扫描次数。通过不同参数匹配的优化实验研究，T_W 取 5000ms、N_E 取 2048、扫描次数取 128 次时可获得较好的核磁共振信号，T_E 为 0.6ms。图 5-1 为 P60 井火成岩与砂岩核磁共振实验结果，图 5-1（a）、（b）、（c）分别为安山岩、流纹岩、玄武岩离心前后核磁共振实验结果，图 5-1（d）为砂岩离心前后核磁共振实验结果。由图可以看出，总体上砂岩的孔隙度要比火成岩的孔隙度大，可动流体体积大。

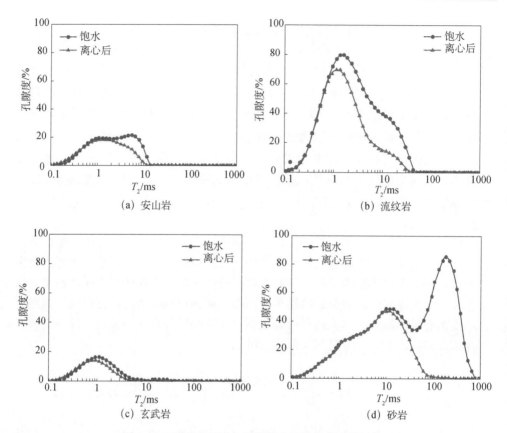

图 5-1　P60 井火成岩与砂岩岩心核磁共振实验对比

表 5-1 为车排子地区核磁共振实验分析结果。

表 5-1　车排子地区核磁共振实验分析结果

井名	序号	岩性	$T_{2cutoff}$/ms	T_{2gm}/ms	SBVI/%	NMR 孔隙度/%	岩心孔隙度/%
P61	65	安山岩	4.88	2.02	78.82	4.88	1.64
P61	37	安山岩	4.00	2.40	69.35	4.42	6.41
	39	安山岩	4.22	5.34	48.30	13.49	14.67
	45	玄武岩	0.83	0.55	95.82	0.06	7.15
	47	安山岩	2.08	1.08	83.73	0.87	6.70
	48	玄武岩	0.77	0.69	59.79	0.00	6.04
	49	玄武岩	1.78	0.96	86.93	0.03	2.37
P661	1	玄武岩	0.60	0.36	83.70	0.02	9.20
	2	安山岩	0.50	0.32	80.97	0.27	7.50

井名	序号	岩性	$T_{2\text{cutoff}}$/ms	$T_{2\text{gm}}$/ms	SBVI/%	NMR 孔隙度/%	岩心孔隙度/%
P661	3	玄武岩	0.57	0.34	83.58	0.00	9.40
	4	安山岩	0.58	0.34	83.55	0.59	14.20
	5	安山岩	0.57	0.35	81.70	0.45	16.20
	6	安山岩	0.59	0.34	85.35	0.11	15.90
	7	安山岩	0.48	0.35	72.71	0.99	17.50
	8	安山岩	0.74	0.38	89.35	0.11	15.90
	9	玄武岩	0.56	0.34	83.98	0.00	15.80
	10	安山岩	0.59	0.41	74.32	0.07	15.80
	11	玄武岩	0.71	0.40	85.88	0.00	15.00
	12	玄武岩	0.49	0.38	68.44	0.07	16.40
	13	安山岩	0.72	0.39	88.59	0.41	14.40
	14	安山岩	0.56	0.33	87.00	0.49	15.00
平均值			1.235	0.88	79.10	0.127	11.58

由表 5-1 可以看出，研究区的 T_2 截止值、T_2 几何平均值以及孔隙度都较小，这说明其 T_2 分布位于较短弛豫时间区域。

2. 火成岩岩石物理实验

在车排子地区 P60 井、P61 井、P661 井等采集了岩心，进行了岩心孔隙度、岩石密度等测量，与核磁共振实验匹配的实验结果见表 5-2。

表 5-2　岩心岩石物理实验分析结果

井号	编号	深度/m	岩性	岩类划分	岩心孔隙度/%	NMR 孔隙度/%	水平渗透率/10^{-3}m^2	岩石密度/(g/cm²)
P60	6	697.40	灰黑色凝灰岩	安山岩类	1.64	1.01		
P61	3	908.60	灰黑色油斑玄武岩	玄武岩类	7.15	0.00		
	8	913.80	灰黑色玄武岩	玄武岩类	5.91	0.03		
	12	916.72	灰色油斑凝灰岩	安山岩类	6.70	0.06		
	14	996.49	灰黑色荧光凝灰岩	安山岩类	6.04	0.87		
	15	998.40	灰黑色凝灰岩	安山岩类	2.37	0.06		
	16	1000.90	灰黑色凝灰岩	英安岩类	5.17	0.03		
P661	1	1118.08	褐红色凝灰岩	玄武岩类	9.20	0.02	0.04	2.51
	2	1118.33	褐红色油斑凝灰岩	玄武岩类	7.50	0.27	0.01	2.53
	3	1118.55	褐红色凝灰岩	玄武岩类	9.40	0.00	0.01	2.47
	4	1118.82	褐红色凝灰岩	安山岩类	14.20	0.591928	0.41	2.39

续表

井号	编号	深度/m	岩性	岩类划分	岩心孔隙度/%	NMR 孔隙度/%	水平渗透率/$10^{-3}m^2$	岩石密度/（g/cm²）
P661	5	1119.20	褐红色凝灰岩	安山岩类	16.20	0.45	0.88	2.34
	6	1119.50	褐红色凝灰岩	安山岩类	15.90	0.11	0.58	2.37
	7	1119.92	褐红色油斑凝灰岩	安山岩类	17.50	0.99		2.31
	8	1120.20	褐红色凝灰岩	安山岩类	15.90	0.11	0.65	2.38
	9	1120.48	褐红色凝灰岩	安山岩类	15.80	0.00	0.61	2.38
	10	1120.75	褐红色凝灰岩	安山岩类	15.80	0.07	0.23	2.36
	11	1120.96	褐红色凝灰岩	安山岩类	15.00	0.00	0.64	2.38
	12	1121.20	褐红色凝灰岩	安山岩类	16.40	0.07	0.38	2.35
	13	1121.53	褐红色凝灰岩	安山岩类	14.40	0.41	0.16	2.39
	14	1121.66	褐红色凝灰岩	安山岩类	15.00	0.49	1.04	2.38
YS1	1	3755.78	棕色流纹岩	流纹岩	9.98	8.90		
	2	3756.02	棕色流纹岩	流纹岩	11.17	9.70		
	3	3756.64	浅灰色流纹岩	流纹岩	12.80	10.98		
	4	3757.76	棕色色流纹岩	流纹岩	19.61	17.46		
	5	3865.90	棕褐色流纹岩	流纹岩	3.61	2.80		
	6	3867.15	棕褐色流纹岩	流纹岩	4.73	2.29		
	7	—	棕色流纹岩	流纹岩	8.31	7.67		
	8	—	棕灰色流纹岩	流纹岩	18.94	17.38		

3. 火成岩元素分析实验

利用等离子体发射光谱仪对部分岩心和岩屑岩样进行了元素组成检测。等离子体发射谱仪共检测了 15 种元素，其中对核磁共振信号影响较大的 3 种元素为铁（Fe）、锰（Mn）和镍（Ni），见表 5-3。

表 5-3　车排子地区岩心和岩屑的元素实验结果

井号	井深/m	岩性	岩类划分	岩心孔隙度/%	NMR 孔隙度/%	Fe/%	ECS Fe/%	Mn /（μg/g）	Ni /（μg/g）
P661（岩心样品）	1118.82	褐红色凝灰岩	安山岩类	14.20	0.59	6.23		982.10	
	1119.20	褐红色凝灰岩	安山岩类	16.20	0.45	6.14		520.40	
	1119.50	褐红色凝灰岩	安山岩类	15.90	0.11	6.76		540.10	
	1119.60	褐红色油斑凝灰岩	安山岩类	15.90	3.52	19.87		684.00	415.00
	1119.92	褐红色油斑凝灰岩	安山岩类	17.50	0.99	6.51		503.50	
	1120.20	褐红色凝灰岩	安山岩类	15.90	0.11	6.65		643.10	
	1120.75	褐红色凝灰岩	安山岩类	15.80	0.07	6.78		586.30	
	1121.20	褐红色凝灰岩	安山岩类	16.40	0.07	6.41		1461.60	

续表

井号	井深/m	岩性	岩类划分	岩心孔隙度/%	NMR孔隙度/%	Fe/%	ECS Fe/%	Mn/（μg/g）	Ni/（μg/g）
P664（岩屑）	869.56	灰紫色安山质凝灰岩	安山岩类	7.60	3.12	6.01		673.00	129.80
	870.60	灰紫色安山质凝灰岩	安山岩类	5.10	3.67	6.21		605.00	51.38
	871.68	灰紫色安山质凝灰岩	安山岩类	9.50	1.58	4.88		636.50	22.74
	908.66	棕红色凝灰岩	安山岩类	12.90	5.70	6.05		655.50	10.97
	909.50	棕红色油斑凝灰岩	安山岩类	5.30	5.49	5.31		1346.00	40.74
	910.20	灰黑色安山岩	安山岩类	11.00	4.44	5.41		1411.00	26.83
	912.70	灰黑色安山岩	安山岩类	4.20	2.99	7.10		1157.00	59.95
	914.02	灰黑色安山岩	安山岩类	8.40	2.23	5.70		633.70	77.43
	1111.66	灰紫色安山质凝灰岩	安山岩类	11.00	4.51	4.12		735.80	14.74
	1112.65	灰紫色安山质凝灰岩	安山岩类	8.00	3.23	4.04		474.70	16.91
	1113.05	灰紫色安山质凝灰岩	安山岩类	7.20	3.13	4.43		579.90	24.41
	1114.76	灰紫色安山质凝灰岩	安山岩类	7.90	3.34	4.11		513.00	17.90
	1116.27	灰紫色安山质凝灰岩	安山岩类	6.00	4.65	4.46		531.90	4.98
P665（岩屑）	795.28	灰色凝灰岩	英安岩类	4.90	12.27	9.68		1143.00	16.73
	847.83	灰色油斑凝灰岩	英安岩类	4.90	6.19	13.41		1869.00	14.41
	849.67	灰色油斑凝灰岩	英安岩类	4.30	6.00	7.79		889.70	54.56
	851.50	灰色油斑凝灰岩	英安岩类	8.30	7.28	11.23		1226.00	21.15
P666（岩心样品）	974.25	褐红色油斑安山岩	安山岩类	9.50	0.40	5.82	7.55	1083.08	
	988.37	褐红色油斑安山岩	安山岩类	1.60	0.58	3.97	5.36	509.10	
	997.70	绿灰色油斑安山岩	安山岩类	2.00	0.84	4.42	4.90	792.49	
	1009.35	灰黑色凝灰岩	安山岩类	5.10	0.21	5.85	7.06	956.29	
	1023.60	绿灰色安山岩	安山岩类	2.90	0.32	6.26	7.74	705.29	
	1088.00	褐红色安山岩	安山岩类	3.40	0.34	5.95	7.22	733.58	
	1111.30	绿灰色凝灰岩	安山岩类	14.00	0.28	6.42	8.33	1093.88	
	1121.70	褐红色安山岩	安山岩类	3.80	0.19	6.11	7.60	1011.82	
	1141.70	褐红色安山岩	安山岩类	6.80	0.26	6.22	8.37	690.39	
	1216.19	绿灰色荧光安山岩	安山岩类	13.90	0.65	5.71	7.93	739.40	
	1218.90	褐红色安山岩	安山岩类	6.70	0.48	5.95	7.31	584.39	
	1239.72	褐红色安山岩	安山岩类	5.60	0.00	6.26	7.00	933.22	
平均值				8.9	2.44	6.6	7.20	833.37	56.7

　　由表 5-3 可以看出，车排子地区 37 块岩心的 Fe 质量分数分布在 3.97%～19.87%，平均为 6.6%。此外，Mn 质量分数分布在 503.50～1869.00μg/g，平均为833.37μg/g；Ni 质量分数分布在 4.98～129.80μg/g，平均为 56.7μg/g，Mn 和 Ni 相比，Mn 的影响比 Ni 的影响大。Fe 质量百分数是 Mn 的 86 多倍，是 Ni 含量的 1200多倍。总体上说，Fe 对 NMR 测井的影响最大。

　　表 5-4 为徐深、滴西地区 14 块火成岩岩心元素实验结果。由表可以看出，14
块岩心 Fe 质量分数分布在 0.82%～3.26%，平均为 2.22%。Mn 质量分数分布在
0.0071%～0.1467%，平均为 0.0678%，约为 Fe 质量分数的 1/33，Ni 质量分数分布
在 0.00008%～0.00039%，平均仅为 0.00021%，相对于 Fe、Mn 元素，含量可以忽
略不计。因此，影响火山岩气藏储层核磁共振响应特征的元素主要为 Fe 和 Mn。

表 5-4　徐深、滴西地区 14 块火成岩岩心元素实验结果

编号	地区	岩性	岩心孔隙度/%	NMR孔隙度/%	元素质量分数/%		
					Fe	Mn	Ni
xs-1	徐深	灰色粗面岩	5.79	0.00	2.57	0.0862	0.00039
xs-2		灰色粗面岩	4.99	0.00	2.68	0.0904	0.00019
xs-3		绿色粗面岩	5.34	0.00	2.79	0.1108	0.00022
xs-4		棕红色粗面岩	5.86	2.54	2.16	0.0588	0.00026
xs-5		棕红色粗面岩	4.26	2.08	2.31	0.0566	0.00032
xs-6		灰色粗面质火山角砾岩	9.07	6.39	2.62	0.0632	0.00028
xs-7		灰色粗面质火山角砾岩	6.79	4.05	2.25	0.0433	0.00011
xs-8		角砾流纹岩	11.84	10.49	1.62	0.0224	0.00016
xs-9		流纹岩	4.39	4.10	0.82	0.0071	0.00009
xs-10		凝灰岩	6.49	5.49	1.29	0.0649	0.00008
dx-1	滴西	绿灰色荧光花岗斑岩	10.35	3.40	3.26	0.1150	0.00009
dx-2		褐灰色荧光花岗斑岩	4.87	2.16	2.47	0.1467	0.00037
dx-3		绿灰色荧光安山岩	11.25	11.15	2.06	0.0423	0.00028
dx-4		绿灰色含气安山岩	11.09	7.32	2.11	0.0418	0.00009
平均值			7.31	5.38	2.22	0.0678	0.00021

资料来源：孙军昌等，2010

4. 磁化率实验

　　考虑到岩石的磁化率对核磁共振也有重要影响，对车排子地区 P661 井和 P666
井共 20 颗岩心进行了磁化率实验。所使用的仪器为捷克 AGICO 公司生产的
MFK1-FA 型卡帕桥磁化率仪，是目前磁化率测量所使用的精度最高的仪器，测量
精度为 $2×10^{-8}$，仪器误差为 0.1%，所测得的磁化率均使用质量进行校正，称为质
量磁化率。P661 井和 P666 井磁化率实验结果见表 5-5。

表 5-5　车排子地区火成岩岩心磁化率实验结果

井号	编号	井深/m	岩性	岩类划分	质量/g	磁化率/SI	岩石密度/(g/cm³)	质量磁化率/SI
P661	2	1118.33	褐红色油斑凝灰岩	安山岩类	5.1733	0.00270	2.68	$4.176×10^{-6}$
	4	1118.82	褐红色凝灰岩	安山岩类	5.1847	0.00601	2.65	$9.268×10^{-6}$
	5	1119.2	褐红色凝灰岩	安山岩类	4.8154	0.00534	2.63	$8.877×10^{-6}$

续表

井号	编号	井深/m	岩性	岩类划分	质量/g	磁化率/SI	岩石密度/（g/cm³）	质量磁化率/SI
P661	6	1119.5	褐红色凝灰岩	安山岩类	5.2767	0.00546	2.67	8.277×10^{-6}
	7	1119.92	褐红色油斑凝灰岩	安山岩类	4.9255	0.00474	2.69	7.693×10^{-6}
	8	1120.2	褐红色凝灰岩	安山岩类	4.7640	0.01220	2.71	2.049×10^{-5}
	10	1120.75	褐红色凝灰岩	安山岩类	4.6848	0.00943	2.68	1.611×10^{-5}
	14	1121.66	褐红色凝灰岩	安山岩类	5.0812	0.01635	2.66	2.574×10^{-5}
P666	1	988.37	褐红色油斑安山岩	安山岩类	28.4769	0.02955	2.61	1.160×10^{-5}
	2	974.25	褐红色油斑安山岩	安山岩类	28.5862	0.02828	2.47	1.100×10^{-5}
	3	997.7	绿灰色油斑安山岩	英安岩类	33.8617	0.02784	2.54	9.170×10^{-6}
	4	1009.35	灰黑色凝灰岩	安山岩类	28.1617	0.02193	2.46	8.680×10^{-6}
	5	1023.6	绿灰色安山岩	安山岩类	29.6114	0.01283	2.57	4.830×10^{-6}
	6	1088	褐红色安山岩	安山岩类	30.0474	0.03074	2.56	1.140×10^{-5}
	7	1111.3	绿灰色凝灰岩	安山岩类	25.7839	0.02946	2.40	1.270×10^{-5}
	8	1121.7	褐红色安山岩	安山岩类	32.8373	0.04216	2.60	1.430×10^{-5}
	9	1141.7	褐红色安山岩	安山岩类	29.0414	0.00537	2.45	2.060×10^{-6}
	10	1216.19	绿灰色荧光安山岩	安山岩类	31.9598	0.04714	2.38	1.640×10^{-5}
	11	1218.9	褐红色安山岩	安山岩类	28.4091	0.00238	2.47	9.320×10^{-7}
	12	1239.72	褐红色安山岩	安山岩类	28.6681	0.001532	2.54	5.96×10^{-7}

从图 5-2 可以看出，该地区 20 块岩心的磁化率为 $2.18 \times 10^{-6} \sim 25.7 \times 10^{-6}$ SI。其岩性为安山岩和英安岩，NMR 孔隙度相对误差随磁化率的升高而增加。

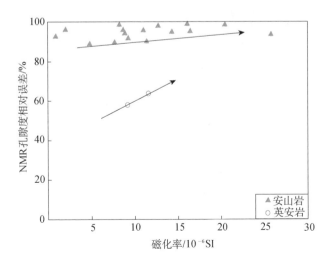

图 5-2　CPZ 地区火成岩岩心磁化率实验结果

5.2.2　火成岩核磁共振影响因素分析

1. 核磁共振观测与岩心实验结果对比

图 5-3 为研究区不同井、不同火成岩 NMR 孔隙度与岩心孔隙度对比。由图可以看出，这 8 口井的 NMR 孔隙度均比岩心孔隙度低，其中 P661 井、P665 井、P666 井 NMR 孔隙度与岩心孔隙度差异较大 [图 5-3（a）]。从岩性上看，为了进行岩性分析加入了腰深地区的流纹岩作对比，基性玄武岩、中性英安岩 NMR 孔隙度数值几乎为 0，中性安山岩类 NMR 孔隙度也很小，而酸性流纹岩 NMR 孔隙度与岩心孔隙度一致性较好。

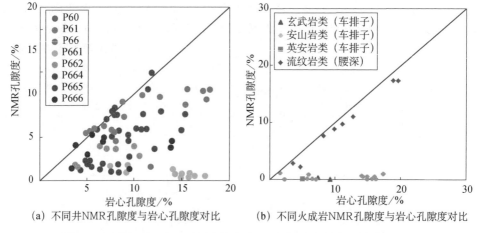

(a) 不同井NMR孔隙度与岩心孔隙度对比　　　(b) 不同火成岩NMR孔隙度与岩心孔隙度对比

图 5-3　研究区不同井、不同火成岩的 NMR 孔隙度与岩心孔隙度对比

图 5-4 为车排子地区不同井、不同火成岩 NMR 孔隙度与岩心孔隙度对比。由图可以看出，车排子地区的 8 口井中 NMR 孔隙度均比岩心孔隙度偏小，其中 P661 井、P665 井 NMR 孔隙度均比岩心孔隙度严重偏小，其数值绝大多数在 0～4% [图 5-4（a）]，但是在一些深度处 NMR 孔隙度与岩心孔隙度结果比较一致，而 P61 井、P664 井的 NMR 孔隙度与岩心孔隙度结果较一致，P66 井和 P666 井整体偏小一些。从岩性上看，部分玄武岩和英安岩 NMR 孔隙度比岩心孔隙度数值偏小，但也有部分与岩心孔隙度匹配得较好。大部分安山岩 NMR 孔隙度偏小，小部分一致性好 [图 5-4（b）]。综上所述，NMR 测井结果与岩心实验结果更接近。

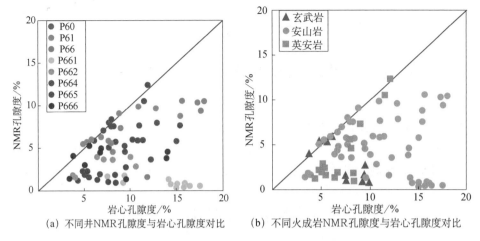

(a) 不同井NMR孔隙度与岩心孔隙度对比　　(b) 不同火成岩NMR孔隙度与岩心孔隙度对比

图 5-4　车排子地区不同井、不同火成岩 NMR 孔隙度与岩心孔隙度对比

2. NMR 孔隙度相对误差与元素含量的关系

1）不同火成岩 NMR 测井与元素含量关系

岩石骨架中含有一定量的顺磁性物质时，核磁共振仪器检测不到流体氢核的弛豫信号，使得 NMR 孔隙度偏小。陆相沉积储层中往往含有诸如 Mn、Fe、Ni 等顺磁性物质，在喷发岩储层中，岩性种类繁多，导致顺磁性物质的存在有可能更为复杂。

为了研究从酸性、中性到基性不同火成岩的 NMR 孔隙度的影响因素，除研究区外，笔者搜集了徐深、滴西、车排子等地区的岩心孔隙度、NMR 孔隙度和元素分析实验结果，计算了相对误差等参数，见表 5-6。

在表 5-6 中，编号为 xs-9 的流纹岩岩样 NMR 孔隙度与岩心孔隙度非常接近，绝对误差仅为 0.29%，而当 Fe 质量分数大于 2.00%，对应的 Mn 质量分数大于 0.06% 时，NMR 孔隙度相对误差急剧增大。例如，NMR 孔隙度误差较大的 5 块粗面岩、2 块粗面质火山角砾岩和 2 块花岗斑岩岩样 Fe 质量分数的平均值分别为 2.50%、2.44% 和 2.87%，Mn 质量分数的平均值分别为 0.8056%、0.0533% 和 0.1038%，其中检测不到核磁共振信号的 3 块粗面岩岩样 Fe 质量分数平均值为 2.68%。

为了清楚地指示 NMR 孔隙度相对误差与不同火成岩、元素质量分数的关系，本书构建了如图 5-5 所示的直方图。

表 5-6　不同岩性 NMR 孔隙度相对误差与元素含量

编号	地区	岩性	岩石类型	岩心孔隙度/%	NMR孔隙度/%	元素质量分数/%				孔隙度相对误差/%	相对误差均值%
						Fe	Mn	平均Fe	平均Mn		
xs-1	徐深	粗面岩	中性	5.79	0.00	2.57	0.0862	2.50	0.0806	100.00	81.57
xs-2				4.99	0.00	2.68	0.0904			100.00	
xs-3				5.34	0.00	2.79	0.1108			100.00	
xs-4				5.86	2.54	2.16	0.0588			56.66	
xs-5				4.26	2.08	2.31	0.0566			51.17	
xs-6		角砾岩	中性	9.07	6.39	2.62	0.0632	2.44	0.0533	29.55	34.95
xs-7				6.79	4.05	2.25	0.0433			40.35	
xs-8		角砾流纹岩	酸性	11.84	10.49	1.62	0.0224	1.62	0.0224	11.40	9.00
xs-9		流纹岩	酸性	4.39	4.10	0.82	0.0071	0.82	0.0071	6.61	
xs-10		凝灰岩	中性	6.49	5.49	1.29	0.0649	1.29	0.0649	15.41	15.41
dx-1	滴西	花岗斑岩	酸性	10.35	3.40	3.26	0.1150	2.87	0.1309	67.15	61.40
dx-2				4.87	2.16	2.47	0.1467			55.65	
dx-3		安山岩	中性	11.25	11.15	2.06	0.0423	2.08	0.0421	0.89	17.44
dx-4				11.09	7.32	2.11	0.0418			33.99	
P661-4	车排子	安山岩	中性	14.20	0.59	6.23	0.0982	5.59	0.7000	95.83	81.67
P661-5				16.20	0.45	6.14	0.0520			97.23	
P661-6				15.90	0.11	6.76	0.0540			99.31	
P661-7				17.50	0.99	6.51	0.0504			94.34	
P661-8				15.90	0.11	6.65	0.0643			99.29	
P661-10				15.80	0.07	6.78	0.0586			99.56	
P661-12				16.40	0.07	6.41	0.1462			99.57	
P661-14				15.00	0.49	6.26	0.0940			96.71	
P666-8		玄武岩	基性	3.80	0.19	5.34	0.0750	6.23	0.0760	94.89	97.45
P666-12				5.60	0.00	7.12	0.0772			100.00	
P666-1		英安岩	酸性	1.60	0.58	3.71	0.0444	4.06	0.0618	63.84	60.96
P666-3		英安岩		2.00	0.84	4.42	0.0792			58.09	

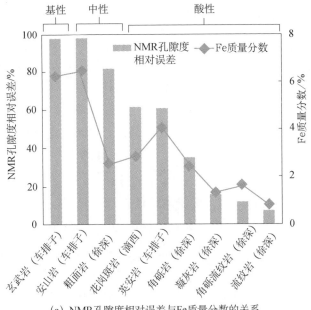

(a) NMR孔隙度相对误差与Fe质量分数的关系

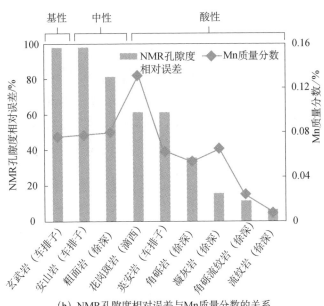

(b) NMR孔隙度相对误差与Mn质量分数的关系

图 5-5　不同火成岩 NMR 孔隙度相对误差与 Fe、Mn 质量分数的关系

由图 5-5 可以看出，NMR 孔隙度相对误差随着岩石 Fe 质量分数的增加而增大。车排子地区玄武岩、安山岩和英安岩中 Fe 质量分数明显高于其他地区，NMR

孔隙度相对误差最大。从中性到酸性，NMR 孔隙度相对误差整体呈减小趋势，Fe 质量分数也呈减小趋势。

图 5-6 为不同火成岩 NMR 孔隙度相对误差与 Fe、Mn 质量分数的关系。由图可以看出，随着 Fe 和 Mn 的质量分数的增加，岩样 NMR 孔隙度相对误差明显增大：当 Fe 质量分数小于 2% 时，对应的 Mn 质量分数小于 0.02%。

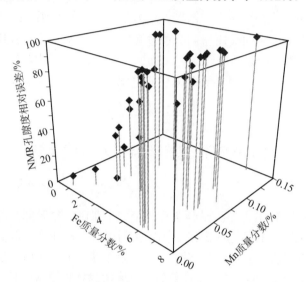

图 5-6　不同火成岩 NMR 孔隙度相对误差与 Mn、Fe 质量分数的关系

图 5-7 为火成岩岩心 Mn、Fe 质量分数的交会图。由图可以看出，Fe 和 Mn 的质量分数具有较好的相关性，Mn 质量分数随 Fe 质量分数的增大而增大。

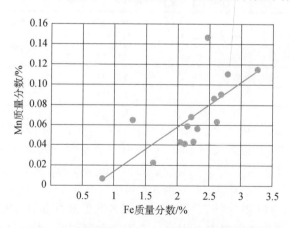

图 5-7　火成岩岩心 Mn、Fe 质量分数的关系

2）火成岩元素分析实验

本节选取 P661 井和 P666 井的岩心进行了元素含量测量，其 NMR 孔隙度相对误差与 Fe 质量分数的关系如图 5-8 所示。由图可以看出，NMR 孔隙度相对误差随着 Fe 质量分数的增大而增大。

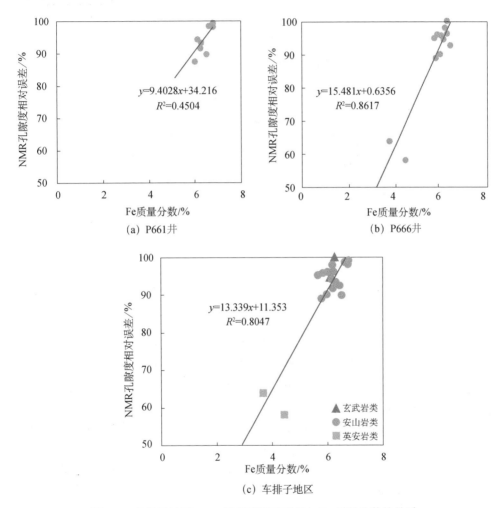

图 5-8　车排子地区 NMR 孔隙度相对误差与 Fe 质量分数的关系

图 5-9 为 NMR 孔隙度相对误差与 Mn 质量分数的关系。总体上看，P666 井 NMR 孔隙度相对误差随着 Mn 质量分数的增大而增大，尤其在 P666 井中这个趋势比较明显。

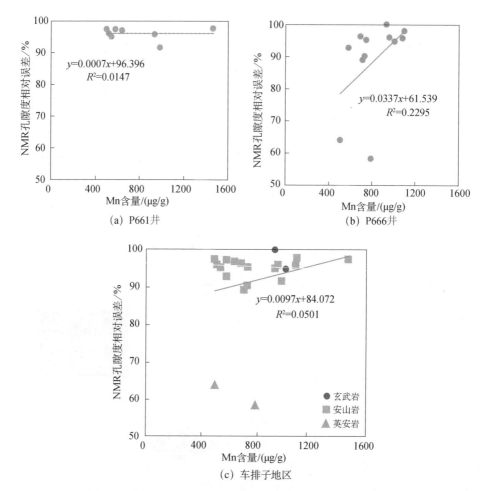

图 5-9　车排子地区 NMR 孔隙度相对误差与 Mn 含量的关系

在油气储层固体骨架中含有诸如 Fe、Mn、Ni 等顺磁性物质时，会对其核磁共振响应特征产生极为重要的影响。实际上，无论火成岩储层还是沉积岩储层均含有一定量的 Fe、Mn、Ni 等顺磁性物质。但对于核磁共振实验而言，只有当顺磁性物质的含量达到一定的程度后，才会对核磁共振响应特征产生明显的影响。

3. NMR 孔隙度相对误差与磁化率的关系

图 5-10 为车排子地区 NMR 孔隙度相对误差与磁化率的交会图。总体上看，随着磁化率的增大，NMR 孔隙度相对误差增大，按照岩性不同，两者之间存在一定的线性关系。但是，不能通过构建磁化率的关系来实现 NMR 孔隙度的校正。

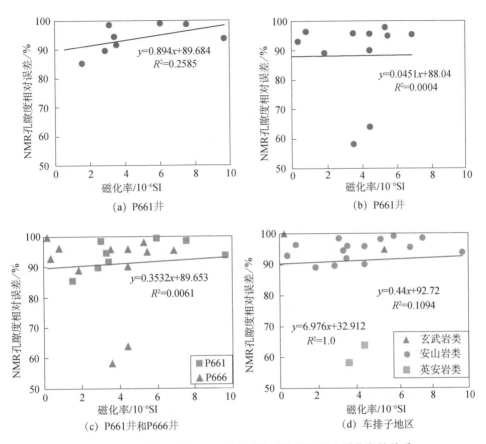

图 5-10　车排子地区 NMR 孔隙度相对误差与岩心磁化率的关系

5.3　火成岩核磁共振理论分析

除了针对火成岩岩心设计必要的地质化验分析和岩石物理分析外，还需要结合火成岩的物理特性和核磁共振弛豫机理开展响应特征分析和影响因素分析。

5.3.1　核磁共振弛豫理论

1. 基本弛豫机理

核磁共振测井测量的是岩石的横向弛豫。岩石孔隙流体的横向弛豫过程包括体积弛豫、表面弛豫和扩散弛豫三种弛豫机制，即可由式（5-1）表示。

$$\frac{1}{T_2} = \frac{1}{T_{2B}} + \rho_2 \frac{S}{V} + \frac{D(T_E \gamma G)^2}{12}$$

$$G = G_{ex} + G_{in} \qquad (5\text{-}1)$$

$$G_{in} \approx B_0 \frac{\Delta\chi}{r}$$

式中，G_{in} 为内部磁场梯度，Gs/cm；B_0 为外加磁场强度；$\Delta\chi$ 为骨架颗粒与孔隙流体之间的磁化率差异；r 为孔隙半径。

表面弛豫是岩石孔隙中流体分子与孔隙表面不断碰撞而造成能量衰减的过程，它与岩石孔隙结构、颗粒表面及胶结物的性质有关。体积弛豫是指流体在不受限制的空间中发生自由衰减的过程，它与岩石孔隙中的流体性质有关，取决于流体的物理性质（如黏度、化学成分等）。以上两种弛豫过程与岩性基本无关。扩散弛豫是由磁场梯度引起的，在梯度磁场中分子运动产生相移而导致 T_2 弛豫速率大大提高的过程。磁场梯度包括外部磁场梯度和内部磁场梯度，外部磁场梯度是由仪器建立的，而内部磁场梯度是由岩石骨架（颗粒）和孔隙流体间的磁化率差异产生的，它与岩石和孔隙流体的磁化率差成正比，与孔隙孔径成反比。岩石的磁化率越大，孔径越小，孔隙内部磁场梯度越强。有些情况下岩石孔隙内部的磁场梯度可能会大于仪器施加的静磁场梯度。因此，在高磁化率岩石中核磁共振测井会受到岩性的严重影响。如果岩石磁化率较小时，岩石孔隙内部磁场梯度较弱，岩性对扩散弛豫影响很小，核磁共振测井与岩性关系不大。

2. 弛豫率影响分析

根据核磁共振原理，在忽略流体的体积弛豫及扩散弛豫后，多孔介质孔隙中流体氢核横向弛豫速率可以表示为

$$\frac{1}{T_2} = \rho \frac{S}{V} \qquad (5\text{-}2)$$

式中，T_2 为横向弛豫时间，ms；ρ 为多孔介质横向表面弛豫率，m/ms，其与多孔介质的化学组成有关；S/V 为比表面积，1/m，与多孔介质微观孔隙结构有关。

如果进一步假设多孔介质孔隙空间由毛管束等规则孔隙空间组成，则式（5-2）可以进一步简化为

$$T_2 = \frac{R}{\rho F} \qquad (5\text{-}3)$$

式中，F 为孔隙结构因子，对于不同的孔隙形状具有不同的数值，通常为常数；R 为孔隙半径，m。

如果横向表面弛豫率为一常数，则由式（5-3）可以看出，多孔介质饱和状态 T_2 分布实质反映的是其微观孔隙空间发育情况，较长的弛豫时间对应较大的孔隙，而较短的弛豫时间对应较小的孔隙。常规砂岩储层岩样核磁共振分析中往往使用这种方法来定性判断岩样渗透性能的好坏，与常规物性分析对比表明，该方法具有很好的可信性。但是对于不同岩性的储层，岩石固体骨架化学成分的差异，将导致横向表面弛豫率具有一定程度的差异。因此，不同岩性的储层岩石，即使相同大小的孔隙，其对应的核磁共振 T_2 弛豫时间也可能具有很大程度的差别。大量实验研究表明，砂岩中一般约含有 1% 的 Fe 元素，而碳酸盐岩中所含的 Fe 元素很少，最终使得碳酸盐岩横向表面弛豫率仅为砂岩的 1/3。因此，对于相同大小的孔隙，碳酸盐岩 T_2 弛豫时间将是砂岩的 3 倍，这也是目前碳酸盐岩储层可动流体 T_2 截止值明显大于砂岩 T_2 截止值的主要原因之一。目前，国内大量的低渗砂岩岩样核磁共振实验表明，低渗砂岩油藏储层可动流体 T_2 截止值约为 13ms，有的仅为 5ms。黏土矿物检测表明储层岩石中含有较多的顺磁性物质（主要为绿泥石）使得 T_2 截止值较小。

3. 磁化率影响分析

从以上分析可以看出，顺磁性物质的存在一方面使得岩石横向弛豫时间增大；另一方面造成固体骨架与流体之间磁化率差异增大，产生内部磁场梯度。这两种情况都会极大地减小流体的横向弛豫时间，很短的弛豫组分将由于仪器分辨率的限制而无法检测到，造成岩心 NMR 孔隙度偏小。

火成岩的磁化率要明显大于沉积岩，主要是因为火成岩中含有大量的强顺磁性矿物和铁磁性矿物，如火成岩中含有大量的磁铁矿、角闪石和黑云母等。而沉积岩主要含有一些逆磁性矿物（如石英和方解石）和弱顺磁性矿物（如斜长石、碱长石、白云母等）。火成岩从酸性到基性，岩石的磁化率一般逐渐增大，这是因为从酸性岩到基性岩，铁磁性矿物和强顺磁性矿物的含量逐渐增大。因此一般情况下，基性岩的磁化率要明显大于酸性岩。国内某盆地大量岩心磁化率的实验结果表明，火成岩与沉积岩的磁化率差异较大，火成岩的磁化率一般较高，沉积岩的磁化率一般较低，基性岩的磁化率一般明显大于酸性岩的磁化率（孙建国，2006；郎元强等，2011）。

火成岩的磁化率除了与所含磁性矿物的磁化率及其含量有关外，还与岩石磁化率各向异性（指物质沿不同方向被磁化的相对难易程度）有关。磁化率各向异性易受岩石中磁性矿物的大小、形状、排列及分布的影响，因此，并不是说岩石所含磁性矿物多，其磁化率一定高。火成岩石具有的高磁化率性质会使岩石孔隙内部产生强梯度磁场，尤其是基性火成岩，强梯度磁场会使核磁共振测井的扩散弛豫显著增强，影响核磁共振信号，因此核磁共振测井与火成岩岩性有很大的关系。

岩石骨架成分对 NMR 孔隙度的影响比较复杂，尤其是当固体骨架中含有一定量的顺磁性物质时这种影响将非常明显，甚至使得核磁共振仪器检测不到流体氢核的弛豫信号。而陆相沉积储层中往往含有诸如 Fe、Mn、Ni 等顺磁性物质。在喷发成岩的火山岩储层中，岩性种类繁多，导致顺磁性物质的存在有可能更为复杂。顺磁性物质的存在一方面使得岩石横向表面弛豫率增大，另一方面造成固体骨架与流体之间磁化率差异增大，产生内部磁场梯度。这两种情况都会极大地减小流体的横向弛豫时间，很短的弛豫组分将由于仪器分辨率的限制而无法检测到，造成 NMR 孔隙度偏小。

在油气储层固体骨架中含有诸如 Fe、Mn、Ni 等顺磁性物质时，会对其核磁共振响应特征产生极为重要的影响。实际上，无论对于喷发成岩的火山岩储层还是砂岩、碳酸盐岩等沉积岩储层，其中均含有一定量的 Fe、Mn、Ni 等顺磁性物质。但对于核磁共振实验而言，只有当顺磁性物质的含量达到一定程度后，才会对其核磁共振响应特征产生明显的影响。

5.3.2　核磁共振数值模拟及其分析

1. 模型设计和参数设置

为了研究磁化率、扩散系数及观测参数等影响因素对火成岩核磁共振响应及其孔隙度的影响。本书选择同一孔隙结构的岩石模型进行数值模拟，利用压汞实验得到火成岩的孔隙尺寸分布构建孔隙模型（图 5-11）。

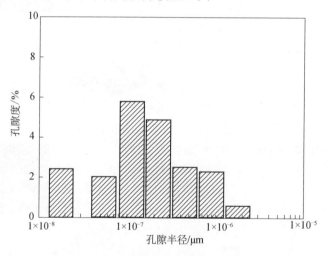

图 5-11　基于压汞实验的孔隙模型

从式（5-1）可以看出，岩石磁化率的大小决定了岩石孔隙内部磁场梯度的强度，利用式（5-1）可计算孔隙内部磁场梯度及横向弛豫时间，由此分析不同磁化率火成岩岩石的核磁共振测井响应。表 5-7 为常见火成岩和沉积岩的磁化率。可以看出，不同岩性具有不同的磁化率，对于火成岩来说，从酸性到基性，岩石磁化率逐渐增大（司马立强等，2012）。

表 5-7　常见岩石的磁化率

火成岩	磁化率/10^{-6}SI	沉积岩	磁化率/10^{-6}SI
流纹岩	5.3	中砂岩	1.6
安山岩	10	泥质砂岩	2.3
英安岩	10.0	砂砾岩	0.46
玄武岩	100	粉细砂岩	1.8

以此岩石模型为基础，分别假定不同磁化率的火成岩和沉积岩，开展横向弛豫时间的数值模拟，研究不同磁化率或不同岩性对核磁共振 T_2 分布的影响。在数值模拟实验中，从表 5-7 中选择不同的磁化率分别代表玄武岩、安山岩、流纹岩和砂岩进行实验，分析这几种岩石的核磁共振响应特征。三种火成岩的表面弛豫率设为 50μm/s，砂岩的表面弛豫率设为 23μm/s（Coates *et al.*，1999）。岩石中填充流体的核磁共振特性参数见表 5-8。

表 5-8　流体核磁共振特性参数

流体	流体体积弛豫/ms	流体纵向弛豫/ms	扩散系数/（10^{-5}cm/s）
水	300	1～500	1.5
油	800	3000～4000	0.2
气	50	1000～2000	80

2. 数值模拟和特征分析

1）磁场梯度对核磁共振 T_2 分布的影响

式（5-1）表明，磁场梯度对核磁共振弛豫时间具有重要影响，磁场梯度不仅包括外部磁场梯度，还包括内部磁场梯度。不同的岩石具有不同的磁化率（孙建国，2006；徐海军等，2006；郎元强等，2011；刘青松、邓成龙，2009），不同的磁化率会产生不同的内部磁场梯度。为了进行对比，模拟时分别考虑均匀场和梯度场的情形。模拟条件为：回波间隔为 0.6ms，填充的流体为水。

图 5-12 为均匀场和梯度场时计算的玄武岩、安山岩、流纹岩和砂岩的核磁共振 T_2 分布。由图可以看出，在均匀场时，玄武岩前移最多，流纹岩、安山岩次之，砂岩移动最小。当磁场为均匀场时，其 T_2 分布稍有前移，其中砂岩移动最小，玄武岩移动最大。这说明，随着岩石磁化率的逐渐增大，即火山岩从基性到酸性，磁化率越大 T_2 分布前移越明显，有的弛豫组分远低于 0.01ms。由于反演时的 T_2 从 0.3ms 开始，计算的 NMR 孔隙度不能包括小于 0.3ms 的孔隙组分，造成 NMR 孔隙度偏小。这就解释了高磁化率岩石 NMR 孔隙度偏低的原因。因此，核磁共振测量结果与火成岩的岩性有很大关系。而且，从不同岩性的梯度场与均匀场的

对比来看，核磁共振弛豫的差异主要体现在长弛豫组分处，即岩石的大孔部分，而在快弛豫部分即小孔部分几乎无差异。

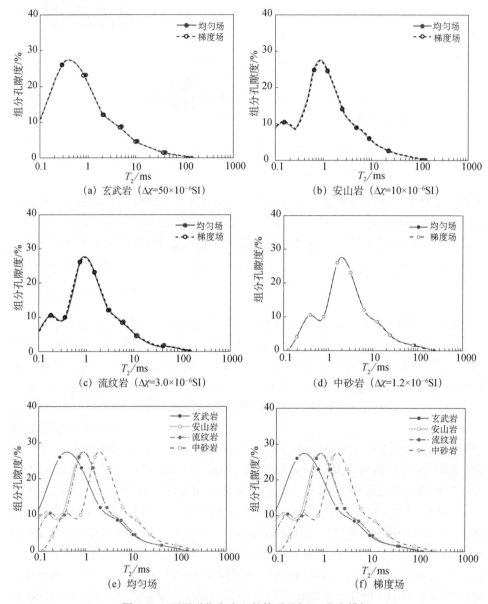

图 5-12　不同磁化率岩石的核磁共振 T_2 分布模拟

2）回波间隔对核磁共振 T_2 分布的影响

为了了解不同回波间隔对核磁共振 T_2 分布的影响，本书选择火成岩中的安山岩进行研究，并与中砂岩进行对比。考虑到目前岩心核磁共振实验大多数是在均匀场条件下测量的，为此选择均匀场进行实验。图 5-13 为含不同流体安山岩和中砂岩在不同回波间隔的核磁共振 T_2 分布模拟结果。由图可以看出，当流体为油或水时，随着回波间隔 T_E 的增大其 T_2 分布无明显变化；当流体为气时，随着 T_E 的增大，T_2 分布发生明显前移。为了便于对比，本书计算了中砂岩的 T_2 分布，随着 T_E 的增大，T_2 无明显的变化，但当流体为气时，T_E 为 0.6ms 和 1.2ms 时，短弛豫组分 T_2 略有前移，长弛豫组分无明显前移。当含相同流体、在相同 T_E 条件下时，火山岩的 T_2 分布比砂岩的 T_2 分布要前移一些，即 T_2 时间变小。由于小于 0.3ms 的弛豫组分在实际核磁共振测量和反演中不能分辨。因此，在计算孔隙度时这些短弛豫组分对应的孔隙度被忽略掉，所以 NMR 孔隙度就偏小。T_2 前移越多，即扩散弛豫越大，NMR 孔隙度偏差越大。

图 5-13 显示的模拟结果对比表明：①回波间隔越长，T_2 分布前移越明显；②在相同回波间隔下，内部磁场梯度的存在会使 T_2 时间变短，意味着 T_2 分布前移；③油、水、气对总弛豫的影响不一样，含气时影响最大，含水时影响次之，含油时影响最小。从图 5-13（a）的数值模拟结果来看，含气火山岩的 NMR 孔隙度偏差最大。

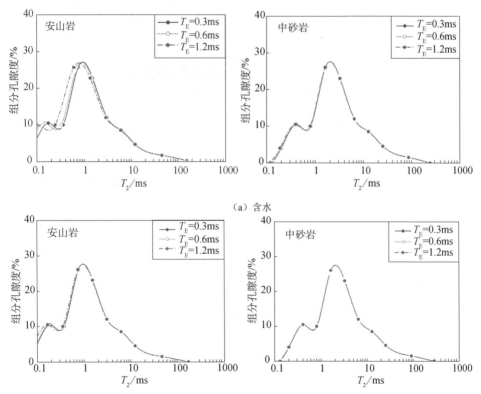

（a）含水

（b）含油

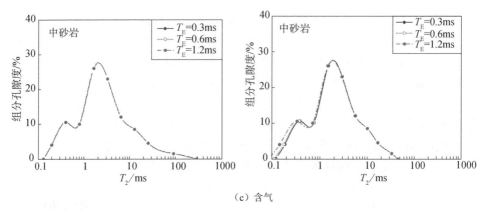

（c）含气

图 5-13　含不同流体安山岩和中砂岩不同回波间隔的核磁共振 T_2 分布

3）不同岩性岩石核磁共振 T_2 分布特征对比

为了研究充填不同流体时不同岩性的核磁共振 T_2 特征，构建了同一孔隙结构、充填不同流体的三种火成岩和砂岩，并进行了数值模拟，如图 5-14 所示。

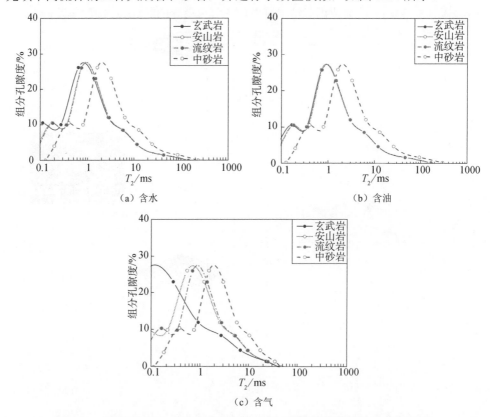

（a）含水　　　　　　　　　　　　　　（b）含油

（c）含气

图 5-14　回波间隔 0.6ms 时含不同流体、不同岩性的核磁共振 T_2 分布对比

　　由图 5-14 可以看出，无论充填何种流体，三种火成岩的核磁共振 T_2 分布明显比中砂岩前移。当流体为气时，T_2 分布前移最为明显，其次为水，油前移最小。而且，在上述四种岩性中，玄武岩的 T_2 分布前移最明显，中砂岩前移程度最小，即随着磁化率的减小 T_2 分布前移越小。

3. 不同岩石弛豫组分贡献对比

　　为了研究在核磁共振弛豫中，表面弛豫、体积弛豫和扩散弛豫对总弛豫的贡献，针对图 5-11 所示的孔隙结构，按照安山岩的磁化率分别计算了不同回波间隔、充填不同流体时，三种弛豫的贡献（图 5-15）。由图 5-15 可以看出，在 T_E 一定的条件下，含气岩石的扩散弛豫所占比例最大，其次是含水岩石，含油岩石的扩散弛豫所占比例最小。从核磁共振 T_2 分布上看，含气时 T_2 分布相对于含水前移，含轻质油时后移。

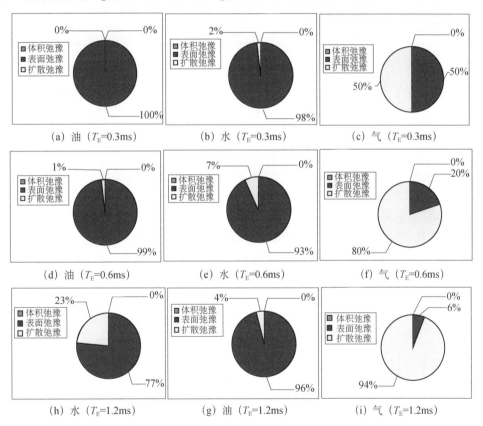

图 5-15　不同回波间隔不同流体的核磁共振 T_2 分布对比

　　为了更清晰地了解扩散弛豫对火成岩的影响，计算不同回波间隔、充填不同流体时砂岩的核磁共振 T_2 分布和三种弛豫时间及其对总弛豫的贡献。表 5-9 为含油、气、水火成岩（安山岩）和砂岩的弛豫贡献（百分数）。对于砂岩来讲，无论流体是油、气还是水，其表面弛豫在总弛豫中贡献最大，起主导作用，且岩石的颗粒越小则其扩散弛豫所占比例越大，但表面弛豫依然起主导作用。而对于火成岩来讲，其扩散弛豫在总弛豫中占主导作用，随着 T_E 的增大，扩散弛豫的主导作用越大，而且当火成岩中含气时，扩散弛豫所占比例最大。此外，本书对高磁化率的玄武岩也进行了计算，扩散弛豫所占比例均在 50% 以上，此时计算的孔隙度就会严重偏低。

表 5-9　含油、气、水火成岩和砂岩的弛豫贡献对比

岩性	充填流体类型	T_E=0.3ms	T_E=0.6ms	T_E=1.2ms
火成岩 （安山岩）	含油	0.2516	0.9990	3.8798
	含水	1.8567	7.0348	23.236
	含气	50.229	80.146	94.168
砂岩	含油	0.0005	0.0020	0.0079
	含水	0.0037	0.0148	0.0592
	含气	0.1970	0.7831	3.0605

4. NMR 孔隙度相对误差校正图版

为了研究磁化率和回波间隔对 NMR 孔隙度的影响，针对饱含水、气和油时的火成岩，分别计算不同磁化率、不同 T_E 条件下的 NMR 孔隙度相对误差，制作校正图版，如图 5-16 所示。在 T_E 一定时，随着磁化率的增加，相对误差越大，尤其是在磁化率达到一定数值时，NMR 孔隙度相对误差急剧增加，把这个数值称为磁化率限定值 $\Delta\chi_{cutoff}$。例如，当 T_E=1.2ms 时，含水火成岩的 $\Delta\chi_{cutoff}$=2×10^{-5}SI，随着 T_E 的增加 $\Delta\chi_{cutoff}$ 减小，即当 T_E 增大时，较小的磁化率就会引起较大的误差［图 5-16（a）］；而且，含气火成岩的 $\Delta\chi_{cutoff}$［图 5-16（c）］要比含水火成岩的更小，这说明火成岩含气时更小的磁化率也会引起较大误差；含油火成岩的 $\Delta\chi_{cutoff}$ 要比含水火成岩的大［图 5-16（b）］。因此，利用这个图版，就可以查出相对误差，从而实现 NMR 孔隙度校正。

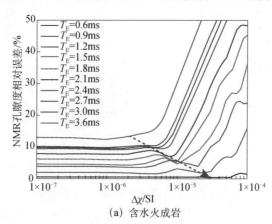

(a) 含水火成岩

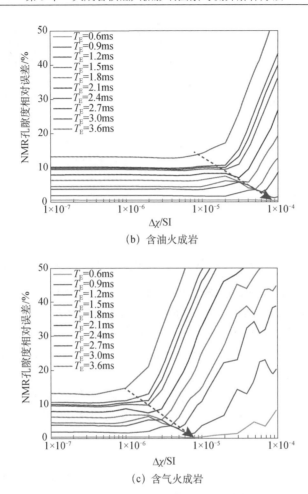

（b）含油火成岩

（c）含气火成岩

图 5-16　不同回波不同流体的核磁共振 T_2 分布对比

5.4　火成岩核磁共振校正与数据处理方法

　　在影响因素和机理分析中，铁磁性矿物含量是主要因素，其次是磁化率引起的内部磁场梯度的差异，地层含气（轻烃）也会使得 NMR 孔隙度偏小。为此，本节将从矿物组分校正、磁化率等参数利用构建经验公式、改进反演理论以及原始信号的预处理等方面开展校正方法研究，形成一套火成岩核磁共振测井处理方法。

5.4.1　核磁共振测井校正方法

1. 核磁共振经验校正方法

对岩心进行矿物分析实验，确定其铁磁性矿物含量，研究研究区铁磁性矿物含量与孔隙度误差的关系，实现孔隙度校正。如果能够利用常规测井计算的矿物含量，再利用建立的关系，就可以实现孔隙度校正。图 5-17 为从研究区两口井岩心分析的 NMR 孔隙度相对误差与 Fe 含量的关系。此外，P666 井的资料显示，NMR 孔隙度相对误差与元素俘获能谱（ECS）测井测得的 Fe 含量具有很好的关系，从而实现了 NMR 孔隙度校正。具体校正方法如下，设 e_{relative} 为 NMR 孔隙度与常规孔隙度相对误差：

$$e_{\text{relative}} = \frac{\phi - \phi_{\text{NMR}}}{\phi} \tag{5-4}$$

式中，ϕ 为常规孔隙度；ϕ_{NMR} 为 NMR 孔隙度，均为小数。

那么，由式（5-4）可得校正后的孔隙度 $\phi_{\text{NMR,C}}$：

$$\phi_{\text{NMR,C}} = \frac{\phi_{\text{NMR}}}{1 - e_{\text{relative}}} \tag{5-5}$$

式中，ϕ_{NMR} 为 NMR 孔隙度，NMR 孔隙度相对误差可由图 5-17 所示的经验关系得到。

$$e_{\text{relative}} = 10.467 \times \text{Fe}_{\text{ECS}} + 14.124$$
$$\text{或} \, e_{\text{relative}} = 13.339 \times \text{Fe} + 11.353 \tag{5-6}$$

式中，Fe 为元素分析中 Fe 含量；Fe_{ECS} 为 ECS 测井测得的 Fe 含量，均为小数。

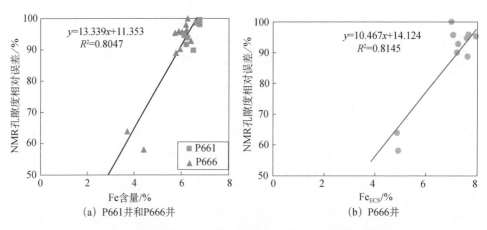

图 5-17　CPZ 地区 NMR 孔隙度相对误差与 Fe 含量的定量关系

NMR 孔隙度相对误差与岩心孔隙度相对误差主要与 Fe 和 Mn 含量有关，为此，基于多元回归方法研究了车排子地区 NMR 孔隙度相对误差与 Fe、Mn 含量的关系：

$$e_{\text{relative}} = 15.43699 \cdot \text{Fe} - 14.988 \cdot \text{Mn}$$
$$R^2 = 0.9961 \tag{5-7}$$

利用式（5-5）和式（5-7）所示的关系进行了 NMR 孔隙度的校正，实验结果如图 5-18 所示。图 5-18（a）为校正前 NMR 孔隙度相对误差和校正后 NMR 孔隙度相对误差的交会图。由图可以看出，两个相对误差基本上在 45° 线上，说明拟合的经验关系是可靠的。图 5-18（b）为 NMR 孔隙度校正结果与岩心实验结果的对比，两者基本分布在 45° 线的两侧，与图 5-18（c）所示的未校正前相比，说明 NMR 孔隙度数据得到了校正，而且校正效果是不错的。

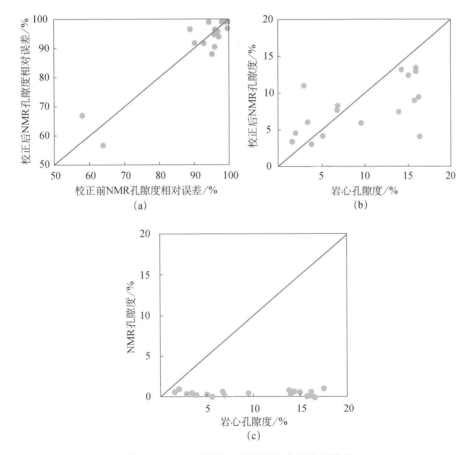

图 5-18　NMR 孔隙度多元回归法的校正检验

对徐深、滴西和车排子地区所有岩心数据进行多元回归，建立了更广泛火成岩类别的 NMR 孔隙度相对误差与 Fe、Mn 含量的关系：

$$e_{\text{relative}} = 13.98614 \cdot \text{Fe} + 200.2884 \cdot \text{Mn}$$
$$R^2 = 0.953$$

（5-8）

同样地，利用上述方法进行 NMR 孔隙度相对误差校正，实验结果显示，校正前 NMR 孔隙度相对误差和校正后 NMR 孔隙度相对误差一致性好，说明拟合的经验关系是可靠的（图 5-19）。

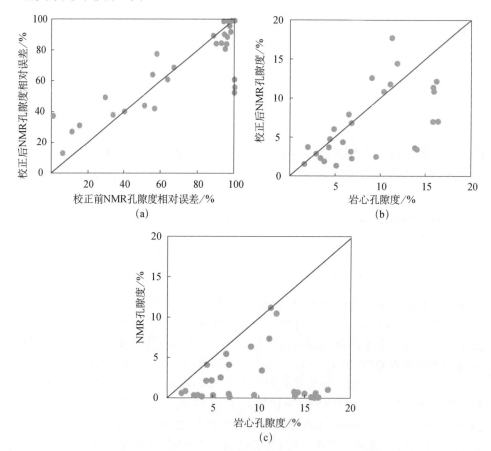

图 5-19　不同地区 NMR 孔隙度多元回归法校正效果检验

由图 5-19 可以看出，该方法基本能够实现 NMR 孔隙度的校正，但是对于扩散弛豫引起的 T_2 分布前移不能实现校正，即不能实现核磁共振 T_2 分布形态的校正。

2. NMR 测井理论校正方法

1）方法原理

该校正理论和方法实际上包括两步：第一步是极化校正，就是岩性（含有铁磁性矿物）的影响，使得在地层中孔隙流体的磁化没有完全，核磁共振回波串中尤其是前两个回波幅度低估了总孔隙度的信息，为此必须进行激化校正；第二步是扩散弛豫校正，主要是组成岩石的某些矿物磁化率较高引起了附加的内部磁场梯度从而增加了扩散弛豫的影响，使得 T_2 分布前移，为此需要增加附加扩散弛豫的校正方法。在梯度条件下，火成岩高磁化率使得总 T_2 分布显著向前和 NMR 孔隙度被低估了。这样，扩散弛豫校正是必需的，并且极化效应应予以考虑。此前采集的回波串中，等待时间或 T_1 时间，在多孔岩石中的流体没有完全极化（磁化），使得回波振幅比实际孔隙度低。因此，该幅度校正是必要的。此外，因为气体低氢指数低，必要时也需要轻烃校正。

$$\phi_a = \phi \left[S_w + S_{hc} HI_{hc} \left(1 - e^{\frac{T_w}{T_{1,hc}}} \right) \right] \tag{5-9}$$

式中，ϕ 为地层孔隙度，%；HI 为氢指数；T_1 为烃 T_1 时间；S_w 为水饱和度；S_{hc} 为碳氢化合物饱和度。

在一维 NMR 测井中，对于填充不同流体的多孔岩石来说，其回波响应方程为

$$p_j e^{-T_e \cdot i \left(\frac{1}{T_{2S,j}} + \frac{1}{T_{2b,j}} + \frac{1}{T_{2D,j}} \right)} = b_i$$
$$p_j e^{-\frac{T_e \cdot i}{T_{2S,j}}} = b_i e^{\left(\frac{T_e \cdot i}{T_{2b,j}} + \frac{T_e \cdot i}{T_{2D,j}} \right)} \tag{5-10}$$

式中，p_j 为第 j 种孔隙的组分孔隙度；b_i 为第 i 个回波的幅度。

式（5-10）可以转换为

$$Ap = b' \tag{5-11}$$

将式（5-11）利用 SVD 反演后，可计算得到修正的组分孔隙度。图 5-20 为火成岩核磁共振校正原理图。

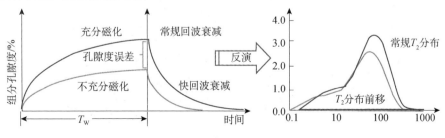

图 5-20　火成岩核磁共振校正原理图

2）方法验证

使用式（5-9）～式（5-11）所述的方法来校正由预设模型合成的回波串。预设模型孔隙度为 18%，分别用直接反演方法和上述校正方法对合成回波数据进行反演。图 5-21 为本征 T_2 分布和反演分布的对比。反演的孔隙度约为 18.12%，相对误差约为 6.15%，而最终经过校正的孔隙度接近 19.98%。在小孔隙和大孔隙部分，与本征 T_2 分布相比，反演的 T_2 分布均有前移，而反演校正的 T_2 分布与根据压汞资料合成的 T_2 分布模型一致性好。

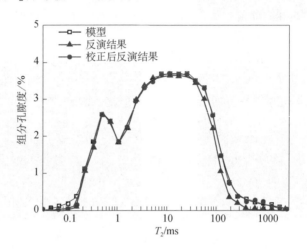

图 5-21　新校正方法与原方法反演 T_2 分布以及模型的比较

5.4.2　实例分析与检验

在车排子地区核磁共振测井中，均选择了 DTW9 测井模式，大多数井的核磁共振测井受到严重影响。

P666 井是车排子地区重要的评价井，其 NMR 孔隙度也被严重低估。在该井中进行了 ECS 测井，提供了包括 Fe、Ca、Si、Al 等多种元素含量。图 5-22 为 P666 井 ECS 测井结果。图中第三道显示 ECS 测井测得的 Fe 含量与岩心实验分析结果非常一致，而且，该井 NMR 孔隙度相对误差也与 ECS 测井测得的 Fe 含量具有良好的相关性（图 5-17）。因此，可利用 ECS 对 NMR 孔隙度进行校正，校正结果如图 5-23 所示。相比之下，第四道中校正前的 NMR 孔隙度明显小于岩心孔隙度，第五道中校正后的 NMR 孔隙度与岩心孔隙度一致性好，这表明利用顺磁性元素含量构建经验公式对 NMR 孔隙度进行校正的方法是可行的。

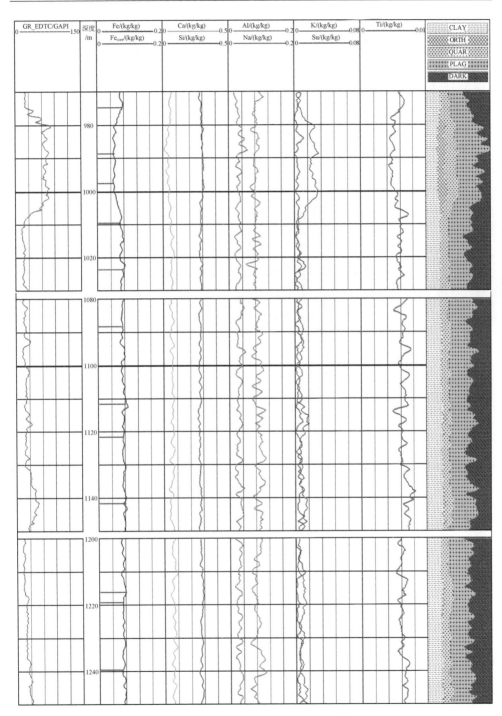

图 5-22   P666 井 ECS 测井与岩心实验结果对比

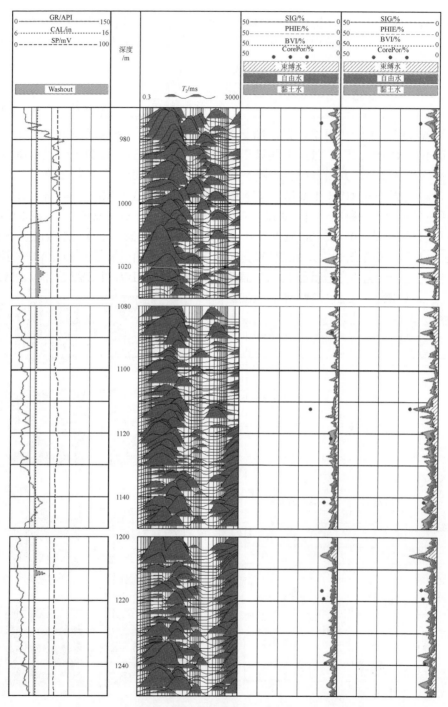

图 5-23 利用 ECS 测井测得的元素含量校正 NMR 孔隙度

选择研究区 P664 井进行检验，图 5-24（a）为该井 NMR 孔隙度与岩心孔隙度的对比。由图可以看出，大多数情况下，NMR 孔隙度比岩心孔隙度偏低。首先进行极化校正，极化校正主要改变快弛豫组分和总孔隙度。在极化校正时，T_{WL}=13s，T_{Wp}=0.2s，可动流体为油，束缚流体为水，因此选择参数 T_{1oil}=3.0s，T_{1water}=0.5s。然后，进行扩散校正，扩散校正主要改善慢弛豫组分。图 5-24（b）为校正前后的对比，校正后比校正前有一定程度的改善，与岩心孔隙度对比相对较好。

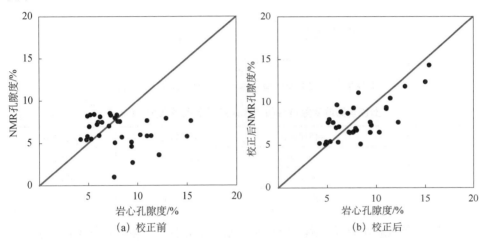

图 5-24　NMR 孔隙度校正前后与岩心孔隙度对比

为了对比不同方法反演的 T_2 分布，分别用 DPP 或 Petrosit 软件、CIFLog 软件以及新研究的方法进行了数据处理，得到了核磁共振 T_2 分布、总孔隙度、有效孔隙度、束缚流体孔隙度，计算结果如图 5-25 所示。由图可以看出，校正后总孔隙度、有效孔隙度比 DPP 或 Petrosit 软件和 CIFLog 软件得到的结果均有增加，岩心实验结果更接近。而且，校正后整个 T_2 分布后移，黏土水 T_2 分布幅度减小。

综上所述，滤波-反演方法能够有效降低噪声影响，在较低信噪比情况下，仍能够可靠地恢复真实的 T_2 分布信息。该滤波反演方法利用了 SVD 分解对信噪的分离能力，对原始回波信号进行高低信噪比分解与低信噪比回波滤波，保证大部分回波信息不被失真，同时尽可能地提取易干扰信息，提高反演谱的精度。为了保证分解后的高低信噪比回波信号的处理精度，在处理过程中，回波信号分解采用低于最优能量比的 SVD 滤波，回波信号滤波采用高于最优能量比的 SVD 滤波。

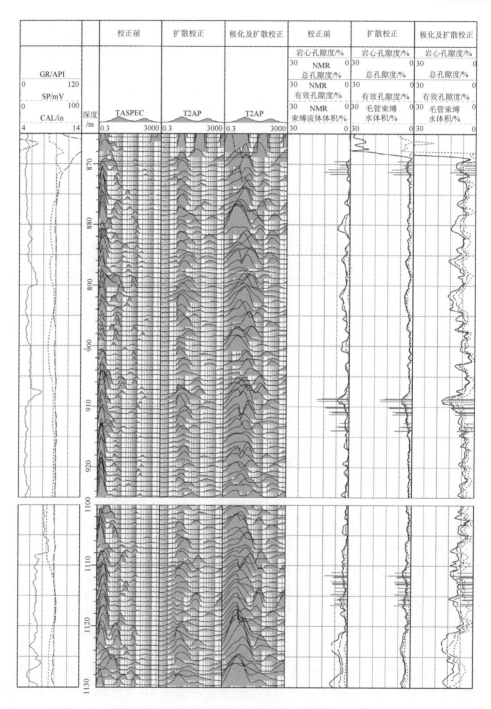

图 5-25　P664 井核磁共振测井数据处理结果对比

5.5　火成岩核磁共振测井解释方法

5.5.1　火成岩 NMR 渗透率计算

火成岩 NMR 渗透率用 Timur-Coasts 模型计算：

$$K_{\mathrm{NMR}} = \left(\frac{\phi_{\mathrm{e}}}{C}\right)^{m}\left(\frac{\mathrm{BVM}}{\mathrm{BVI}}\right)^{n} \qquad (5\text{-}12)$$

式中，C 为岩心刻度系数；m 和 n 为刻度指数，一般采用岩心刻度给出，在没有岩心资料的情况下，取隐含值 $C=10$，$m=4$，$n=2$。

利用校正后 NMR 孔隙度数据重新回归上述模型中的参数：$C=10.024$，$m=1.26$，$n=1.30$。校正后 NMR 渗透率与岩心渗透率对比如图 5-26 所示。

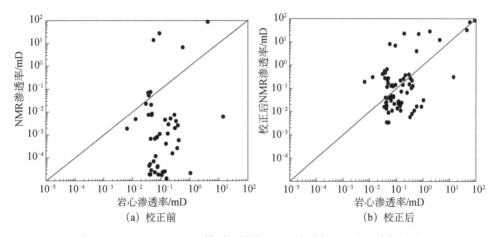

(a) 校正前　　　　　　　　　　　(b) 校正后

图 5-26　用 Timur-Coasts 模型计算的 NMR 渗透率岩心渗透率的对比

用 SDR 模型计算：

$$K_{\mathrm{NMR}} = C\phi^{4}T_{2\mathrm{GM}}^{2} \qquad (5\text{-}13)$$

式中，C 为岩心刻度系数，一般采用岩心刻度给出，在没有岩心资料的情况下，取隐含值 $C=4$；$T_{2\mathrm{GM}}$ 为 T_2 分布的几何平均值。

SDR 模型不受 Timur-Coastes 束缚水模型的限制，当岩石孔隙中含有烃时，$T_{2\mathrm{gm}}$ 数值会发生变化，并且不能做含烃校正。T_2 分布的几何平均值 $T_{2\mathrm{GM}}$ 按式（5-14）计算：

$$T_{2\mathrm{GM}} = \left(T_{21}^{A_1} T_{22}^{A_2} \cdots\right)^{\frac{1}{\Sigma A_i}} \qquad (5\text{-}14)$$

式中，T_{2i} 为第 i 种弛豫组分的 T_2 弛豫时间常数。

采用重新校正的核磁共振数据针对 SDR 模型中的参数进行重新回归，得到了适合的参数值：C=0.0015、m=3.75、n=1.75，重新计算得到校正后的渗透率，如图 5-27 所示。由图可以看出，该模型的计算结果比原 Timur-Coasts 模型 [图 5-26 （a）] 有明显改善，但是不如改进 Timur-Coasts 模型的计算结果 [图 5-26（b）]。

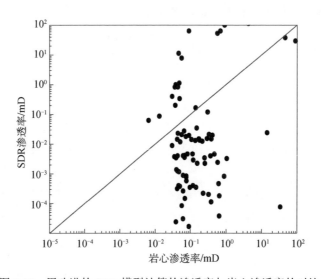

图 5-27　用改进的 SDR 模型计算的渗透率与岩心渗透率的对比

5.5.2　火成岩饱和度评价

如前所述，对双 T_W 测井资料进行时间域处理，对双 T_E 测井资料进行扩散分析均可完成流体性质的定性检测和定量计算。由于核磁测井仪探测深度较浅，其敏感区仍是侵入带的特征。如果与其他常规测井资料相结合，可实现优势互补，得到储层的更多信息，从而对原状地层流体进行全面评价。例如，与常规深探测电阻率相结合，选择合适的模型可以计算原状地层的含水饱和度。该方法需要结合 NMR 测井资料和深感应或深侧向电阻率，用双水模型完成原状地层流体体积的评价。MRIAN 程序所需要的数据包括原状地层电阻率（R_t）、地层孔隙度（ϕ）、黏土水饱和度（S_{wb}）。双水模型需要 NMR 提供的两个主要参数为黏土水孔隙度（MCBW）、有效孔隙度（MPHE）。当然，也可以用 Archie 或 Waxman-Smits 模型代替双水模型完成类似的评价。

当火成岩中泥质含量比较少时，可选择 Archie 公式计算含水饱和度（S_w）：

$$S_w = \sqrt[n]{\frac{abR_w}{\phi^m R_t}} \tag{5-15}$$

式中，R_t 为原状地层电阻率；ϕ 为地层孔隙度；R_w 为地层水电阻率；m 为胶结指数；n 为饱和度指数。

岩电参数的获取，通常利用岩电实验来确定，表 5-10 为车排子地区岩电实验结果。实验条件如下：岩样采用浓度为 20000mg/L 的 NaCl 溶液饱和；测量环境为 26.0℃；饱和溶液电阻率 R_w 为 0.285Ω·m（测量温度为 26.0℃）。

表 5-10　车排子地区岩电实验结果

井名	编号	孔隙度/%	F	a=1，m	B=1，N	相关系数
P661	1	2.67	101.65	1.2753	b=1.0272，n=1.6284	0.9332
	2	1.85	212.86	1.3432	b=1.0094，n=1.3169	0.9835
	3	3.09	110.63	1.3533	b=1.0526，n=1.5335	0.6549
	4	7.14	23.20	1.1914	b=0.9780，n=1.5319	0.9690
	5	8.07	17.61	1.1398	b=0.9858，n=1.7758	0.9835
	9	7.63	16.68	1.0938	b=0.9778，n=1.7844	0.9637
	10	8.60	19.25	1.2055	b=0.9827，n=1.5290	0.9402
	12	7.53	16.91	1.0931	b=1.0143，n=1.5464	0.9368
P666	1	1.91	1090.98	1.7876	b=2.6312，b=1.0079	0.9959
	2	7.41	82.73	1.6610	b=0.9976，n=2.1841	0.9844
	3	2.83	354.52	1.7209	b=1.0076，n=2.6817	0.9942
	4	5.09	175.60	1.6949	b=0.9986，n=2.1833	0.9992
	5	4.70	178.29	1.5956	b=1.0133，n=2.6421	0.9882
	6	5.58	110.07	1.5084	b=1.0077，n=2.3605	0.9746
	7	9.53	61.92	1.4929	b=1.0040，n=2.1032	0.9812
	8	5.23	178.35	1.7758	b=1.0227，n=2.2893	0.9798
	9	7.99	101.15	1.7331	b=1.0140，n=2.5412	0.9934
	10	11.07	40.38	1.4300	b=1.0078，n=2.6048	0.9839
	11	7.24	71.79	1.5053	b=1.0002，n=2.3404	0.9949
	12	6.08	110.09	1.5670	b=1.0026，n=2.2558	0.9963

图 5-28 为地层因素与孔隙度的关系，P661 井 m=1.211，P661 井 m=1.621（a均为 1），两口井代表的研究区平均值为 m=1.458。

图 5-29 为电阻率增大系数与含水饱和度的关系，研究区的饱和度指数约为1.53。

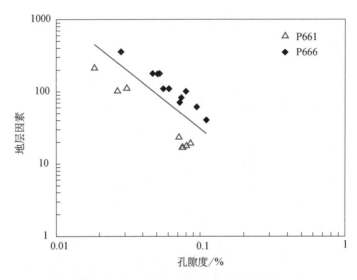

图 5-28　地层因素与孔隙度的关系（$a=1$；$m=1.458$）

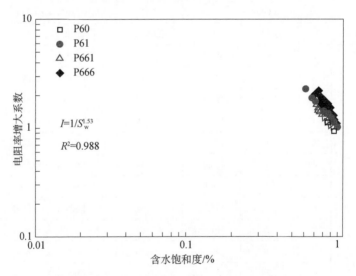

图 5-29　电阻率增大系数与含水饱和度的关系

5.5.3　核磁共振测井解释实例

图 5-30 为 P664 井的核磁共振测井解释结果。第一道为自然伽马（GR）、自然电位（SP）和井径测井（CAL）。第三道为计算的渗透率。第四道为重新处理的 T_2 分布，第五道为重新处理的 NMR 孔隙度、NMR 有效孔隙度、NMR 毛管束缚流体体积及岩心孔隙度的对比。

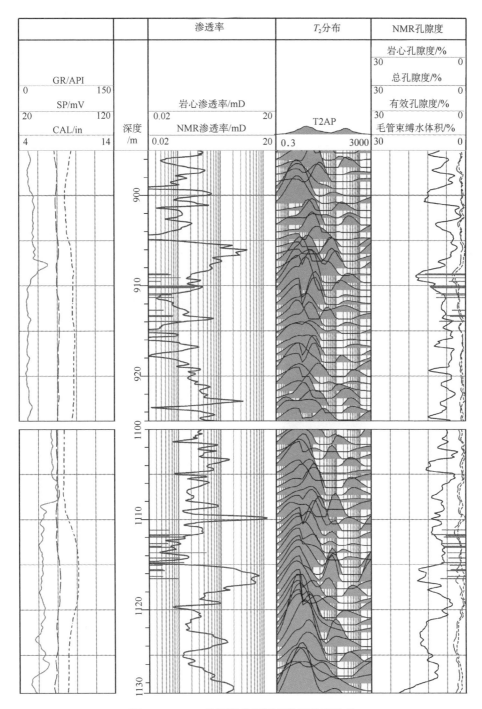

图 5-30　P664 井核磁共振测井数据处理结果

　　P664 井在 907～914m 处的孔隙度约为 10%，渗透率为 0.04～0.3mD，均与岩心实验一致。计算的含油饱和度为 5%～17%，而在 866.9～969.2m 段累计产液 25.62m³，未见油，解释为水层或干层，这验证了本井的解释结果。此外，在 1110～1118m 井段，计算的孔隙度约为 5%，渗透率为 0.04～0.4mD，均与岩心实验一致。

　　在上述影响因素分析中，铁磁性矿物为主要因素，即弛豫率为主导因素；其次是磁化率引起的内部磁场梯度的差异；如果地层含气（轻烃）也会使得 NMR 孔隙度偏小。针对特殊矿物的组分，建立了孔隙度校正经验公式，改善了孔隙度的计算精度。极化校正方法实现了总孔隙度和快弛豫组分的校正；推导了由磁化率引起的扩散弛豫校正方法，改进了 T_2 分布的前移问题。改进并构造了适合研究区的 NMR 渗透率公式，计算结果与岩心一致性好。实例分析表明提出的方法在 NMR 孔隙度和 T_2 分布反演方面均比商业软件有明显的改善。此外，由于组分孔隙度的改进，相应地改进并提出了 NMR 渗透率和饱和度的计算方法和公式，解释精度得到了较大提高。

第6章 多维核磁共振测井理论与应用

基于一维核磁共振（1D NMR）技术在流体识别方面具有局限性，二维核磁共振或者多维核磁共振有望能够解决这一问题。本章详细介绍了二维核磁共振测井理论、反演算法及观测方式，在此基础上研究了三维核磁共振测井原理。

6.1 二维核磁共振测井理论

核磁共振（NMR）测井具有多种烃类检测模式，能在一定条件下识别流体性质。但是，NMR 测井在识别和定量评价油、气、水时存在很大的局限性，原因在于现有的 NMR 测井都是基于一维核磁共振技术。该项技术只测量地层孔隙流体的横向弛豫时间 T_2，当地层孔隙中油、气和水同时存在时，其 T_2 分布信号有时是重叠在一起的，运用通常的移谱法、差谱法和增强扩散法很难区分它们，这就促使了二维核磁共振（2D NMR）测井方法的发展。

所谓二维核磁共振测井技术，就是在对横向弛豫时间观测的基础上对纵向弛豫时间（T_1）、流体扩散系数（D）、内部磁场梯度（G）等参数进行观测。二维核磁共振测井技术对仪器和数据采集方式都有一定的要求，需要对其观测模式进行重新设计。目前，斯伦贝谢公司的 MR-Scanner 和贝克休斯公司的新核磁仪器 MR-Explorer 都可进行二维核磁共振测井。2002 年，美国雪佛龙公司的 Sun 和 Dunn（2005a，2005b）以及斯伦贝谢公司道尔研究中心的 Hurlimann 等（2002）、Venkatarama 等（2002）分别提出利用两个窗口改进自旋回波脉冲序列 CPMG，实现了弛豫-扩散（T_2，D）分析的二维核磁共振测井，极大地提高了流体识别和饱和度计算的精度。Hu 等（2012）在油层和水层核磁共振流体识别实验中发现采用（T_2，D）二维核磁共振方法能够有效地识别轻质油。此外，国内外学者，利用数值模拟和岩石实验室分析，在二维核磁共振流体识别和解释方面做了持续有效的探索。国内，谢然红和肖立志（2009）对含有顺磁物质的人造砂岩和天然泥质砂岩饱和水，进行二维核磁共振实验测量，给出了岩石横向弛豫时间-内部磁场梯度的（T_2，G）二维分布图，研究结果对分析陆相沉积地层复杂岩性核磁共振测量结果具有重要指导意义。在反演方法方面，顾兆斌和刘卫（2007）、顾兆斌等（2009）利用传统的奇异值分解（SVD）和改进的奇异值分解算法分别对核磁振二维谱进行反演，实现了二维谱的连续反演，并讨论了信噪比对反演结果的影响，展示了二维核磁共振测井技术测量扩散系数、弛豫时间、孔隙度、含油饱和度、可动流体体积等地层流体性质的广阔前景。谢然红等（2007，2009a，2009b）研究了（T_2，D）二维核磁共振和（T_1，T_2）二维核磁共振在不同储层、不同测量信噪比以及不同外加磁场梯度条件下识别流体的效果。李鹏举等（2012）采用（T_2，D）二维核磁共振方法及扩散维度信息可以识别气层，在 D-T_2 关系线上，可以判断原油信号，水的扩散相对集中在 $2.5 \times 10^{-5} \mathrm{cm}^2/\mathrm{s}$ 附近；谢然红等（2007，2009a，2009b）发现（T_2，T_1）二维核磁共振方法在识别气层方面具有优势，该方法利用流体的 T_2 弛豫信息也能很好地分辨束缚水、自由水和气，但识别油水层的效果不如（T_2，D）二维核磁共振方法。谭茂金等（2008）针对核磁共振测井双等待时间观测数据提出了基于遗传算法和最小二乘分解（LSQR）的混合反演算法，并实现了流体的 T_1 和 T_2 参数反演，为勘探新区的流体识别和参数确定提供了新方法。

6.1.1　二维核磁共振基本原理

核磁共振测井的目的是通过对地层孔隙流体中氢核 NMR 信号的观测，识别地层孔隙中的流体及其含量。对于地层岩石这类复杂的多孔介质，在梯度场条件下，核磁共振 T_2 弛豫包括表面弛豫、体弛豫和扩散弛豫。

1. （T_2，D）基本原理

设等待时间为 T_W，回波间隔为 T_E，扩散系数为 D，当 T_W 足够长时，CPMG 核磁共振信号可以写成如下形式：

$$A_{ik} = \sum_{l=1}^{p}\sum_{j=1}^{m} f_{lj}\mathrm{e}^{-\frac{1}{12}\gamma^2 g^2 T_{E_k}^2 D_l t_i}\,\mathrm{e}^{-t_i/T_{2j}} + \varepsilon_{ik} \tag{6-1}$$

式中，A_{ik} 为等待时间 T_W、回波间隔 T_{E_k} 的第 i 个回波的幅度；ε_{ik} 为噪声；p 为模型所设定的扩散系数的个数；m 为模型所设定的横向弛豫时间的个数；f_{lj} 为扩散系数为 D_l、横向弛豫时间为 T_{2j} 的信号幅度。式（6-1）也可以写成矩阵的形式：

$$A_{ik} = E_{ik,lj}f_{lj} + \varepsilon_{ik} \tag{6-2}$$

式中，$E_{ik,lj} = \mathrm{e}^{-\frac{1}{12}\gamma^2 g^2 T_{E_k}^2 D_l t_i}\,\mathrm{e}^{-t_i/T_{2i}}$，$i=1,\cdots,N_{E_k}$，$k=1,\cdots,q$，$l=1,\cdots,p$，$j=1,\cdots,m$；$N_{E_k}$ 为第 k 个回波串的回波个数。

通过求取上述线性方程组，就可以得到扩散系数为 D_l、横向弛豫时间为 T_{2j} 的信号幅度 f_{lj}，以（T_2，D）图的形式表现出来，就可以进行流体评价。

2.（T_2，T_1）基本原理

核磁共振测井的目的是计算多孔介质的孔隙度、孔隙结构和流体识别。新一代的核磁共振测井仪可以测量多个等待时间 T_W 下的自旋回波串数据。对于多孔介质，假设测量了 s 组不同等待时间的回波串，其回波幅度除了存在指数衰减项 $e^{-t_i/T_{2j}}$，还增加了极化因子项 $1-e^{-T_{W,s}/T_{1r}}$，CPMG 核磁共振信号可以写成如下形式（Sun and Dunn，2005a，2005b；顾兆斌等，2009；谢然红等，2009a，2009b）：

$$b_{is} = \sum_{j=1}^{m}\sum_{r=1}^{p} f_{jr}(1-e^{-T_{W,s}/T_{1r}})e^{-t_i/T_{2j}} + \varepsilon_{is} \tag{6-3}$$

式中，b_{is} 为等待时间为 $T_{W,s}$ 时第 s 个回波串的第 i 个回波的幅度；f_{jr} 为对应纵向弛豫时间为 T_{1r} 和横向弛豫时间为 T_{2j} 时的氢核数；ε_{is} 为等待时间为 $T_{W,s}$ 时，第 s 个回波串的第 i 个回波的噪声。

式（6-3）也可以写成矩阵的形式（Sun and Dunn，2005a，2005b；顾兆斌等，2009；谢然红等，2009a，2009b）：

$$b_{is} = A_{is,jr}f_{jr} + \varepsilon_{is}$$
$$A_{is,jr} = (1-e^{-T_{W,s}/T_{1r}})e^{-t_i/T_{2j}}, \quad i=1,\cdots,N_{E,s} \tag{6-4}$$

式中，$A_{is,jr}$，$N_{E,s}$ 为等待时间为 $T_{W,s}$ 的回波数；$s=1,\cdots,w$，$r=1,\cdots,p$，$j=1,\cdots,m$。

式（6-4）也可以写为（Sun and Dunn，2005a，2005b；顾兆斌等，2009；谢然红等，2009a，2009b）

$$Ax = b \tag{6-5}$$

利用反演的方法求解式(6-5)，就可以得到纵向弛豫时间为 T_{1r}、横向弛豫时间为 T_{2j} 的信号幅度 f_{jr}，即可得到氢核数的 (T_2,T_1) 二维分布，就可以进行定性或定量流体评价。

6.1.2 混合反演算法与算例

LSQR 方法是 Paige 和 Sanders 于 1982 年提出的，它是利用 Lanczos 迭代法求解最小二乘问题的一种方法。LSQR 方法具有计算量小的优点，并且能很容易地利用矩阵的稀疏性简化计算，在地球物理的大型稀疏方程计算中获得了较好的应用（Liu *et al.*，2006；Yang *et al.*，2008）。改进的 SVD 算法可用来求解大多数的线性最小二乘问题。SVD 算法给出最优解，但该方法丢掉了振荡最厉害的解分量，降低了解的维数，导致谱图不连续。为了获得连续的谱图，采用求解 $\| A\Delta x - \Delta b \|_2$ 最小下的最优解。假设已知一个初始解 x_0，原方程（6-5）可写为：

$A(x - x_0) = b - b_0$，即 $A\Delta x = \Delta b$。若求得 $\| A\Delta x - \Delta b \|_2$ 最小意义下的最优解 Δx，则 $x_0 + \Delta x$ 就是方程（6-5）的最终结果。由于 $A\Delta x = \Delta b$ 的解为 Δx，因此在实现非负约束时，不再缩小矩阵。将 x 小于零的分量直接改为零，再重新迭代计算，直到所有分量满足非负约束。在求解过程中，$A_{m \times n}$ 矩阵只需进行一次奇异值分解过程，这样大大减少了计算量从而减少了计算时间。

对于核磁共振二维谱反演，矩阵 $A_{m \times n}$（数据核）是一个大型稀疏矩阵。$A_{m \times n}$ 由设置的核磁共振测井观测方式、观测参数及网格剖分的大小决定，构建得到的 $A_{m \times n}$ 属于严重病态矩阵。采用几种不同的反演算法进行实验，通过研究反演结果和模型的相对误差来考察和分析不同反演算法的优劣性：

$$R_x = \frac{\| x_{\mathrm{mod}} - x_{\mathrm{inv}} \|}{\| x_{\mathrm{mod}} \|} \tag{6-6}$$

式中，x_{mod} 为预设的模型参数；x_{inv} 为反演得到的模型参数。

1. (T_2, D) 算例分析

为了检验算法的效果，构造了一个具有多峰结构的二维模型，流体组分在二维图中均服从高斯分布形态，利用微机编制了相应的程序并对其进行相应的数值模拟实验。模拟过程中，在扩散系数（D）、横向弛豫时间（T_2）两个维度上进行网格剖分，剖分时均采用对数均匀布点（谭茂金等，2008）。当模型建好之后，根据观测参数及模型参数合成多组回波串，然后对这些回波串数据组合进行反演即可得到二维谱图。设计模型参数见表 6-1。

表 6-1　气水流体模型及其性质

流体类型 \ 参数值	扩散系数 D /（cm²/s）	T_2 /ms	含量 /%
天然气	9.0×10^{-4}	40	30.0
束缚水	4.0×10^{-5}	20	40.0
自由水	4.0×10^{-5}	300	30.0

假设在完全极化的条件下，即等待时间 T_W 足够长，磁场梯度为 4.0×10^{-3}T/cm，在每个深度点设置 6 个回波间隔 T_E 的回波串，为了确保采集周期的一致，其不同 T_E 组合取[0.6, 1.2, 2.4, 4.8, 9.6, 19.2]ms，对应每一个回波串，回波个数为 INT（$1440/T_E$）（其中 INT 代表数值取整）。正演模拟得到 6 组回波串如图 6-1 所示。

在数值模拟时，对模型进行 30×30 的网格剖分，计算得到系数矩阵 $A_{4725 \times 900}$ 的条件数为 7.2908×10^{24}，此矩阵严重病态。利用合成的回波串数据，分别运用两种不同的反演算法对回波串数据进行二维反演。

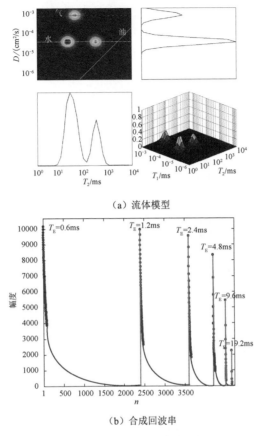

（a）流体模型

（b）合成回波串

图 6-1　流体模型和回波串数值正演模拟结果

　　反演时，选定 LSQR 和改进 TSVD 算法的迭代次数均为 800。图 6-2 为利用 LSQR 和改进 TSVD 算法的反演结果。图 6-2（a）为 LSQR 反演结果，二维谱图中气信号识别较好，在一维 T_2 分布上的短 T_2 部分（1～100ms）重叠较好，但是在长 T_2 部分（100～10000ms）重叠不好；而且扩散系数与模型参数重复性差，不能实现流体的定性分析和流体的定量计算。图 6-2（b）为 TSVD 反演结果，反演得到的二维谱图与模型匹配较好，能够实现流体的定性分析要求，在长 T_2 组分（100～10000ms）重叠较好，但是短 T_2 组分（1～100ms）重叠较差；而且扩散系数比 LSQR 算法效果要好。从图 6-2（a）和（b）可以看出，LSQR 算法对短 T_2 组分的反演效果较好，而 TSVD 算法对长 T_2 组分的反演效果较好。为此，本书采用 TSVD 和 LSQR 的混合算法，即先用 LSQR 算法进行反演，计算结果作为初始值 x_0，然后再用 TSVD 算法进行反演。图 6-2（c）为 LSQR-TSVD 混合反演算法的反演结果，其束缚流体"峰"比图 6-2（a）更"聚焦"，且与模型也很接近。

此外，反演得到的 T_2 分布与扩散系数也与模型更接近。从运行效率和计算精度上看，混合反演算法的计算误差为 0.1499，其运行时间为 64.50s。当两算法的迭代次数均为 200 时，计算相对误差为 0.1561，计算时间为 56.0156s。因此，LSQR-TSVD算法比单一反演算法在精度和运算效率上均有明显改善。

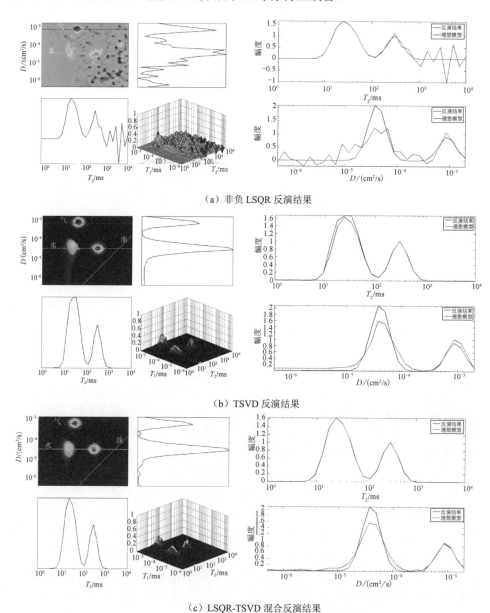

（a）非负 LSQR 反演结果

（b）TSVD 反演结果

（c）LSQR-TSVD 混合反演结果

图 6-2　LSQR、TSVD 及 LSQR-TSVD 混合反演算法结果对比

此外，对于油水模型也做了类似的实验。LSQR-TSVD 混合算法同样适用于油水模型，其计算精度均比单一反演算法高，而且通过减少迭代次数也提高了运算效率。

2.（T_2，T_1）算例分析

为了检验算法的效果，构造了一个含有束缚水的天然气储层模型，束缚水 $T_1 = 30\mathrm{ms}$，$T_2 = 10\mathrm{ms}$，含量为 40%；天然气 $T_1 = 3000\mathrm{ms}$，$T_2 = 40\ \mathrm{ms}$，含量为 60%。

数值模拟实验时，在横向弛豫时间 T_2 和纵向弛豫时间 T_1 两个维度上进行 30×30 的网格剖分，并采用对数均匀布点（谭茂金等，2008）。流体组分在二维图中均服从高斯分布形态，其多峰结构的二维谱图如图 6-3（a）所示。当模型建立好之后，设置观测参数为：回波间隔 T_E 为 1.2ms，等待时间 T_W 组合取[0.2，0.8，2.0，4.0，8.0，12.0]s，对应每一个等待时间，采集回波串的回波个数都为 600。在磁场梯度为 $2.0 \times 10^{-3}\mathrm{T/cm}$ 的情况下，正演模拟得到 6 组回波串 [图 6-3（b）]。计算得到 $A_{3600 \times 900}$ 条件数为 4.0×10^{25}，属于严重病态矩阵。分别运用 LSQR 和 TSVD 两种反演算法对回波串数据进行二维反演。

如图 6-4（a）和（b）为用 LSQR 和 TSVD 算法分别反演得到的结果。LSQR 算法的模型相对误差为 0.3046，SVD 算法的模型相对误差为 0.7054。可以看出，SVD 算法的反演精度比 LSQR 算法低。从运行时间上看，LSQR 算法的运行时间为 140.5s，用 TSVD 算法反演时，迭代次数选择 800 次的运行时间为 1817.125s。可以看出，TSVD 反演运行时间较慢。图 6-4（a）为 LSQR 算法反演的二维谱，与图 6-3（a）给定的模型匹配较好。并且反演得到的一维 T_2 分布上的短 T_2 部分（1～100ms）和长 T_1 部分（大于 100ms）重叠较好，但长 T_2 和短 T_1 部分与模型匹配较差。因此，LSQR 算法不能实现流体的定性分析和定量计算。图 6-4（b）为非负 TSVD 算法的二维反演结果。谱图与图 6-3（a）中的模型匹配较好。一维 T_2 分布上的长弛豫分量 T_2（大于 100ms）和一维 T_1 分布上的短 T_1 部分（小于 100ms）与模型匹配较好，但短 T_2 部分（1～100ms）和长 T_1 部分（100～3000ms）精度较差。

通过两种反演算法的比较，可以看出：LSQR 方法反演速度快但反演精度不高；TSVD 算法反演精度能够满足要求，但其反演速度相对较慢。而且，TSVD 算法由于降低了解的维数，其解不完整。从图 6-4（a）、（b）可知，LSQR 算法对短 T_2 的反演效果较好，且改进的 TSVD 方法对长 T_2 的反演效果较好。为此，采取 TSVD 和 LSQR 的混合算法，即先用 LSQR 进行反演，计算结果作为初始值 x_0，再用 TSVD 算法进行反演，即 LSQR 与 TSVD 组合的混合反演算法。图 6-4（c）为 LSQR-TSVD 混合反演算法的计算结果，可以看出，反演结果有了明显的改进。反演得到的 T_2 分布无论是短弛豫分量还是长弛豫分量都与模型匹配较好，T_1 分布反演结果也与模型更接近，且比单一反演方法精度高。

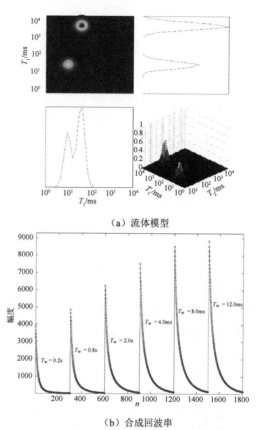

（a）流体模型

（b）合成回波串

图 6-3　流体模型和回波串数值模拟结果

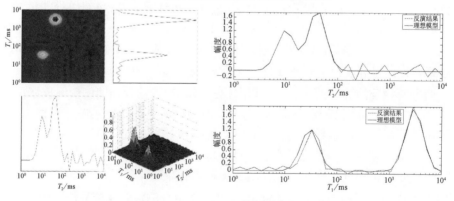

（a）LSQR 算法反演

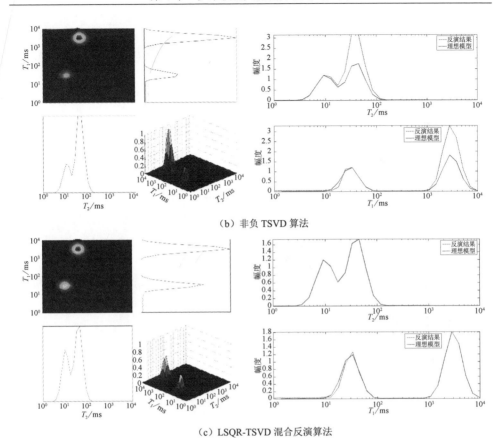

（b）非负 TSVD 算法

（c）LSQR-TSVD 混合反演算法

图 6-4　不同算法反演的二维谱和一维谱对比图

6.1.3　采集参数设计

核磁共振测井测前参数设计对识别流体至关重要。从理论上分析，数据核矩阵（A）和观测的回波串幅度（b）不仅受纵向弛豫时间和扩散系数的影响，而且受磁场梯度和回波间隔的影响。为了使二维核磁共振测井能够应用于地层流体识别和参数计算中，设计了油水模型和气水模型并利用不同采集参数进行数值模拟研究，以考察不同的磁场梯度 G 和不同的回波间隔 T_E 组合对反演结果的影响。

1.（T_2，D）算例分析

为了考察不同 T_E 组合对结果的影响，选取不同的 T_E 组合进行实验。实验中，分别选取短 T_E 组合[0.6，1.2，2.4，3.6，6.0，9.6]ms、长 T_E 组合[10.2，10.8，12.0，13.2，15.6，19.2]ms 以及长短混合 T_E 组合[0.6，1.2，2.4，4.8，9.6，19.2]ms 三种 T_E 组合进行实验，相应的回波个数亦为 INT（1440/T_E）（其中 INT 代表数值取整），设置观测磁场梯度为 4.0×10^{-3}T/cm。

　　油水模型的不同 T_E 组合的数值模拟和反演实验，如图 6-5 所示。采用短 T_E 组合时计算的相对误差为 0.2159，采用长 T_E 组合时计算的相对误差为 0.1068，采用长短混合 T_E 组合时计算的相对误差为 0.1006。可以看出，在多 T_E 观测模式下，对于油水模型，采用长短混合 T_E 组合方案对流体识别效果较好。

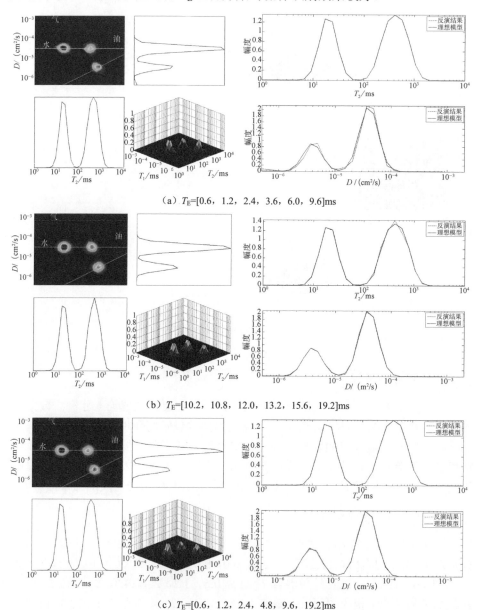

（a）T_E=[0.6，1.2，2.4，3.6，6.0，9.6]ms

（b）T_E=[10.2，10.8，12.0，13.2，15.6，19.2]ms

（c）T_E=[0.6，1.2，2.4，4.8，9.6，19.2]ms

图 6-5　不同 T_E 组合的油水模型反演结果

气水模型的不同 T_E 组合的数值模拟和反演实验，其结果如图 6-6 所示。由图可以看出，图 6-6（c）中的 T_2 分布和扩散系数分布均比（a）和（b）的效果好，而且与模型更接近。从计算的相对误差看，采用短 T_E 组合的相对误差为 0.2012，采用长 T_E 组合时计算的相对误差为 0.1875，采用长短混合 T_E 组合时计算的相对误差为 0.1258。

可以看出，在多 T_E 观测模式下，对于油水模型和气水模型来说，长短混合 T_E 组合方案既能够反映弛豫快和扩散快的束缚流体组分，又能够分辨弛豫慢和扩散慢的流体组分，反演精度最高。从油水层和气水层的适应性上说，在回波参数设置相同的情况下，油水层模型比气水层的计算误差小，计算精度高。

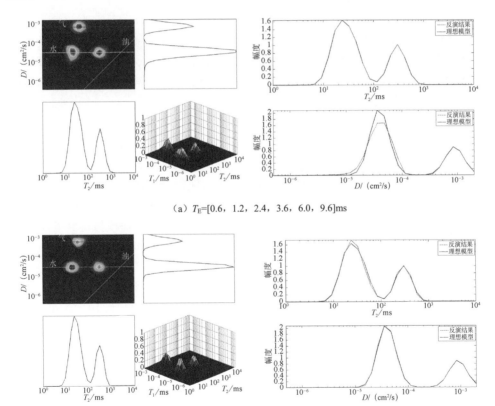

（a）T_E=[0.6，1.2，2.4，3.6，6.0，9.6]ms

（b）T_E=[10.2，10.8，12.0，13.2，15.6，19.2]ms

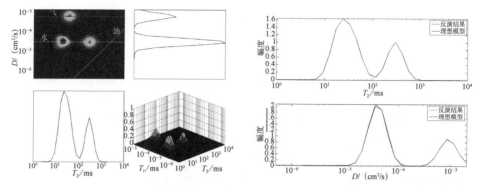

(c) T_E=[0.6，1.2，2.4，4.8，9.6，19.2]ms

图 6-6　不同 T_E 组合的气水模型反演结果

　　针对磁场梯度的影响，本节也进行了数值模拟。油水模型和气水模型的数值模拟研究发现，在多 T_E 观测模式下，适当增大磁场梯度可以提高油层识别的精度。从油水层和气水层的适应性上说，在参数相同的情况下，油水层模型比气水层的误差小，计算精度高。

2.（T_2，T_1）算例分析

　　为了考察 T_W 组合对反演结果的影响，选择不同 T_W 组合进行数值模拟和反演实验。设置观测参数为：回波间隔取 0.6ms，对应每个等待时间采集的回波个数都为 300。T_W 组合分别设为[0.05，0.1，1.0，1.5，3.0，5.6]s、[6.0，6.5，7.0，8.0，10.0，12.0]s 和[0.05，0.1，1.0，3.0，8.0，12.0]s。首先，正演模拟得到 6 组回波串，然后利用混合反演算法对合成数据进行反演。图 6-7 和图 6-8 分别为不同流体模型的反演结果。

　　在 T_W 组合取[0.05,0.1,1.0,1.5,3.0,5.6]s 时，反演结果相对误差 R_x = 0.1877。当 T_W 的组合取[6.0，6.5，7.0，8.0，10.0，12.0]s 时，反演结果相对误差 R_x =0.7559。当 T_W 组合取[0.05，0.1，1.0，3.0，8.0，12.0]s 时，反演结果相对误差 R_x =0.2031。通过对反演的二维谱和误差分析可知，当 T_W 组合取[0.05，0.1，1.0，3.0，8.0，12.0]s 时，反演结果最好，每种流体的峰都很聚焦，且反演的 T_2 分布和 T_1 分布结果与模型匹配较好。因此，在多 T_W 模式下，对于油水模型，短 T_W 与长 T_W 混合的组合不仅可以反映短 T_2 与短 T_1 的束缚水，而且可以识别多孔介质中的长 T_2 与长 T_1 的分量。从二维反演谱中，可以很明显地从可动水、束缚水中区分轻质油和稠油。

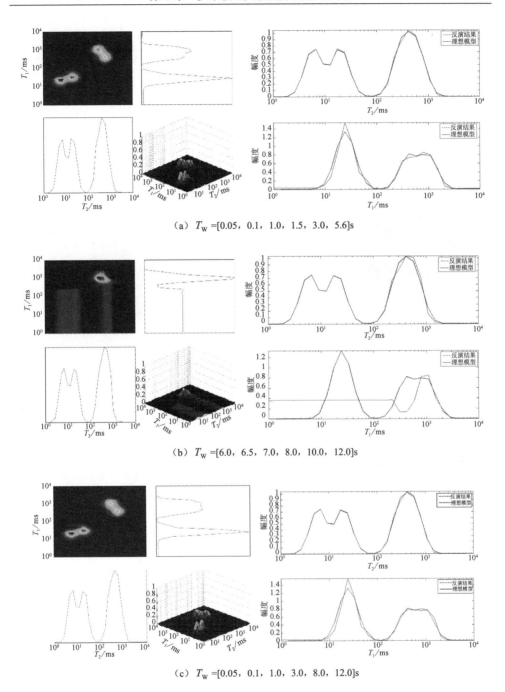

（a）T_W =[0.05，0.1，1.0，1.5，3.0，5.6]s

（b）T_W =[6.0，6.5，7.0，8.0，10.0，12.0]s

（c）T_W =[0.05，0.1，1.0，3.0，8.0，12.0]s

图 6-7　油水层不同 T_W 组合的反演与模型对比

对于气水层,也可以进行类似的实验,实验结果如图 6-8 所示。T_W 组合取[0.05,0.1, 1.0, 1.5, 3.0, 5.6]s 时, 正演模拟与反演结果相对误差 R_x =0.1885。当 T_W 组合取[6.0, 6.5, 7.0, 8.0, 10.0, 12.0]s 时,正演模拟与反演结果相对误差 R_x =0.6220。当 T_W 组合取[0.05, 0.1, 1.0, 3.0, 8.0, 12.0]s 时, 正演模拟与反演结果相对误差 R_x =0.1923。

从上述反演结果与误差分析可以看出,在多 T_W 观测模式下,对于油水模型和气水模型,采用短 T_W 和长 T_W 混合组合观测方式可以提高反演的精度。因此,分析与对比表明长短 T_W 组合更加适用于（T_2, T_1）二维核磁共振测井。

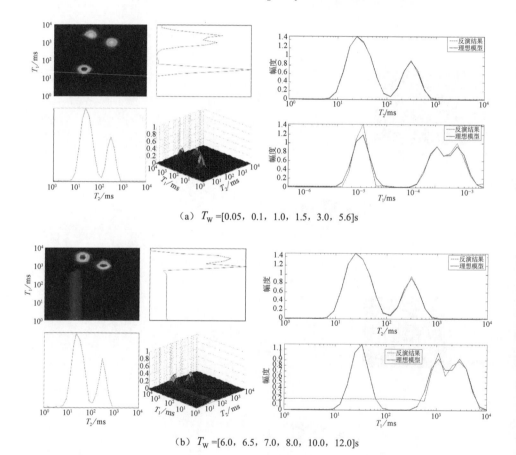

（a） T_W =[0.05, 0.1, 1.0, 1.5, 3.0, 5.6]s

（b） T_W =[6.0, 6.5, 7.0, 8.0, 10.0, 12.0]s

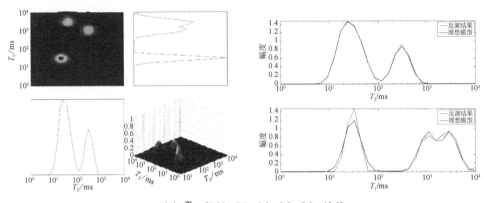

(c) T_W =[0.05, 0.1, 1.0, 3.0, 8.0, 12.0]s

图 6-8 气水层不同 T_W 组合的反演与模型对比

此外，回波间隔也对反演结果有影响。对气水模型和油水模型来说，在多 T_W 观测模式下，回波间隔的改变对反演结果的精度几乎没有影响。

6.1.4 信噪比的影响

针对气水流体模型，选择不同信噪比（SNR）来研究该反演算法对 (T_2, T_1) 二维核磁共振反演结果的影响。数值模拟实验时，选择的 T_E 为 0.6ms，多 T_W 组合为[0.05，0.1，1.0，3.0，8.0，12.0]s。实验过程中，在正演的回波串中加入不同信噪比的噪声，然后用混合反演算法进行反演。

当 SNR 较高（大于 150）时，直接用该混合法解 $\boldsymbol{Ax} = \boldsymbol{b}$ 即可，反演结果如图 6-9 所示，误差 R_x =0.2113。从反演的一维与二维图中，均可以进行准确的气、水识别。当 SNR 较低（小于 150）时，反演中需引入阻尼因子 α，此时，方程组 $\boldsymbol{Ax} = \boldsymbol{b}$ 的求解问题变为 $\left(\boldsymbol{A}^\mathrm{T}\boldsymbol{A} + \alpha\boldsymbol{I}\right)\boldsymbol{x} = \boldsymbol{A}^\mathrm{T}\boldsymbol{b}$ 的求解。分别选择 SNR 为 100、50 和 25 进行数值模拟实验，反演的相对误差分别为 0.5472、0.6594 和 0.7968，反演结果如图 6-9 所示。当 SNR 为 100 和 50 时，反演的二维谱及一维 T_2 分布和扩散系数分布均能直接识别流体；当 SNR<50 时，气、水信号混合在一起，难以准确分辨。由图可以看出，信噪比越低，流体识别的难度越大。因此，对于气水模型来说，当 SNR>50 时，(T_2, T_1) 二维核磁共振技术能够较准确地识别流体。

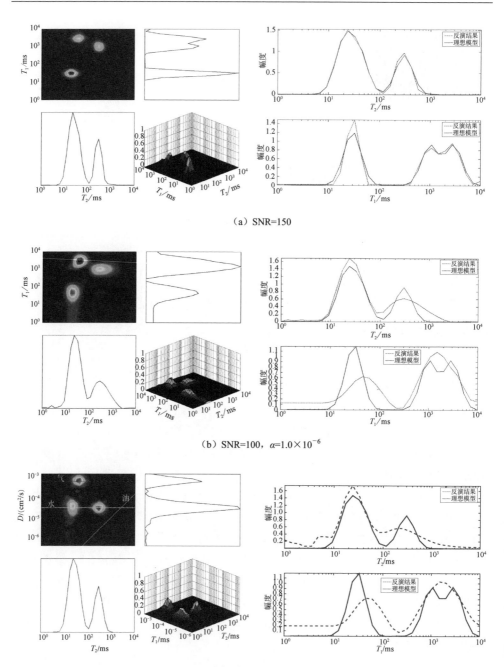

（a）SNR=150

（b）SNR=100，$\alpha=1.0\times10^{-6}$

（c）SNR=50，$\alpha=0.003$

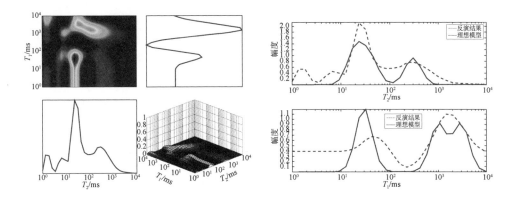

(d) SNR=25，α=0.175

图 6-9　气水模型不同信噪比的反演结果对比

油水模型实验。当 SNR=150 时，对稠油-水模型，稠油与束缚水可以很好地区分，轻质油模型中可动水与轻质油发生重叠。当 SNR=100 时，对稠油-水模型，稠油与束缚水基本能够分辨，轻质油模型中可动水与轻质油发生重叠，不好区分。当 SNR<50 时，重质油与束缚水发生重叠，可动水与轻质油也发生重叠。可以看出，针对油水模型，其流体识别对信噪比要求比较高，对于轻质油要求 SNR>100，对于稠油水模型要求 SNR>50。

油水模型和气水模型的数值模拟实验表明，从反演得到的二维谱优势信号的位置和幅度可以定性判断储层流体的性质。而且，对于轻质油和气水模型来说，油、气与水较容易分辨，但是，对于含有稠油的模型，由于束缚流体和稠油的核磁共振弛豫性质非常相近，油水不好识别。可以看出，相对于一维核磁共振，通过增加观测次数和观测数据量就可以实现二维核磁共振测井。通过多回波核磁共振观测可以实现（T_2，D）二维谱的反演，其反演精度的高低与观测参数设计有关。

6.2　三维核磁共振测井与响应特征

6.2.1　三维核磁共振反演方法

核磁共振数据反演对于核磁共振资料的解释评价至关重要。相比一维核磁共振，多维核磁共振反演的数据量更大，对其信噪比更为敏感。如何减少参与运算的数据量并且提高有限数据量抗噪声干扰的能力是解决多维核磁共振反演的关键。本节着重介绍多维核磁共振数据基于数据压缩的 SVD、BRD 和 GI 反演方法，并对三种方法进行模拟验证与低信噪比反演实验。

二维、三维的核磁共振谱方程同一维核磁共振谱方程一样，都是典型的第一类 Fredholm 方程形式，这类数值解问题都可以将谱方程离散化为一系列线性代数方程（顾兆斌等，2009），解的唯一性很大程度上依赖回波数据（b）的精度和数据核（K）特性。目前，学者提出的很多反演算法和正则化方法旨在抑制解的不稳定性和加强解的可靠性，其中较为有效的算法是考虑在目标方程中增加一项范数比例惩罚项来抑制解的不稳定性，如下所示：

$$\arg\ \min \leftarrow \left\| b - K_1 f K_0^{\mathrm{T}} \right\|^2 + \alpha \left\| f \right\|^2 \tag{6-7}$$

从三维核磁共振响应方程（1-16）中看到，如果在 $t=0$ 时采集到第一个回波，核函数 $K_1(T_{\mathrm{W}}, T_1)$ 与其他两个核函数之间不存在耦合关系。$K_2(t, T_2)$ 和 $K_3(t, T_{\mathrm{E}}, D)$ 中由于含有相同的变量 t 而耦合在一起。因此，可以通过式（6-8）耦合 $K_2(t, T_2)$ 和 $K_3(t, T_{\mathrm{E}}, D)$，将三维反演问题降为二维反演问题。

$$K_0(t, T_{\mathrm{E}}, T_0) = K_2(t, T_2) \otimes K_3(t, T_{\mathrm{E}}, D) \tag{6-8}$$

式中，T_0 为 T_2 与 D 的张量积（即根据 T_2 和 D 的预选参数按字典编辑顺序排列）形成的新的参数向量，若 T_2 与 D 的预选弛豫基个数为 m 和 p，组合后的 T_0 的个数为 $m \times p$ 个；核函数 K_0 中的元素排列与 T_0 的构建方式一样，只不过是二维矩阵 K_2 和 K_3 的张量积符号 $\otimes$ 表示张量运算。

1. 数据压缩技术

核磁共振测井中，通常需要采集成百上千个自旋回波串，因此在反演过程中要计算的数据量非常大。尤其对于多 T_{W} 多 T_{E} 的组合模式，需要采集数量巨大的回波，得到的矩阵[如离散谱方程（1-18）]是一个大型超定矩阵。通常意义上的反演运算无法进行，需要对数据进行压缩处理，以降低相关方程的数量。

具体的做法是对选取的核函数选取适当的有效奇异值的个数，抛弃无效奇异值对应的分解矩阵，得到每个核函数相应的两个有效分解矩阵。然后，利用分解矩阵对其进行压缩改造。SVD 算法如下：

$$K_0 = U_0 \Sigma_0 V_0^{\mathrm{T}} \tag{6-9}$$

$$K_1 = U_1 \Sigma_1 V_1^{\mathrm{T}} \tag{6-10}$$

压缩后的数据变为

$$K_0' = \Sigma_0 V_0^{\mathrm{T}} \tag{6-11}$$

$$K_1' = \Sigma_1 V_1^{\mathrm{T}} \tag{6-12}$$

$$b' = U_0^{\mathrm{T}} b U_1 \tag{6-13}$$

此时目标函数变为

$$\arg\min \leftarrow \left\| b' - K_1' f K_0'^{\mathrm{T}} \right\|^2 + \alpha \| f \|^2 \tag{6-14}$$

实际数据处理中，多 T_{W} 和多 T_{E} 采集中，T_{W} 和 T_{E} 为选定的离散特定值，并且每组回波串中 T_{W} 和 T_{E} 是固定值，核函数 K_0、K_1 仍能耦合成一个核参数，$K = K_0' \otimes K_1'$，此时多维优化问题变为压缩后的一维优化问题。

2. SVD 方法

奇异值分解（SVD）方法可用来解决大多数的线性最小二乘问题，该方法利用核函数矩阵的特征和反问题的总体特征，通过移去反映测量误差的小奇异值来实现正则化，求取合理解。由奇异值分解定理可知：

$$\begin{aligned} \boldsymbol{K} &= \boldsymbol{U}\boldsymbol{\Sigma}\boldsymbol{V}^{\mathrm{T}} \\ \boldsymbol{\Sigma} &= \mathrm{diag}[\omega_1, \omega_2, \omega_3, \cdots, \omega_k, 0, \cdots, 0] \end{aligned} \tag{6-15}$$

对角阵 $\boldsymbol{\Sigma}$ 元素都为矩阵 $\boldsymbol{K}$ 的非零奇异值，按大小顺序排列 $\omega_1 > \omega_2 > \cdots > \omega_k > 0$。实际上，这种很小的奇异值在反演中影响解的稳定性，如果去掉这些很小的奇异值，矩阵的病态条件就有所改善。矩阵的病态条件定义为矩阵 $\boldsymbol{K}$ 的最大奇异值与最小奇异值的比：

$$\mathrm{cond} = \frac{\omega_{\max}}{\omega_{\min}} = \frac{\omega_1}{\omega_k} \tag{6-16}$$

很明显，剔除小的奇异值的确可以改善解的不稳定性，但是剔除过多的小奇异值，有用信息就会丢掉。因此，SVD 方法的关键是如何选择要保留的奇异值的数目。本书利用几何范数最小的思想，考虑记录量的信噪比大小估算要保留的奇异值个数 k。选择保留的奇异值的个数 k 的原则，是满足与 $k-1$ 个奇异值差的几何范数最小，如下所示：

$$\arg\min \leftarrow \sum_{i=1}^{N} (f_i - f_{ki})^2 \tag{6-17}$$

式中，f_i 为待求谱的第 i 个分量；f_{ki} 为保留 k 个奇异值反演的待求谱第 i 个分量。此时方程的病态条件数应该介于（$\dfrac{\omega_{\max}}{\omega_k}$，$\dfrac{\omega_{\max}}{\omega_{k+1}}$）（肖立志等，2012；李鹏举等，2012）。

最后，方程待求解就简化为如下形式：

$$f = \boldsymbol{V} \cdot \mathrm{diag}[\frac{1}{\omega_1}, \frac{1}{\omega_2}, \cdots, \frac{1}{\omega_k}, 0, \cdots, 0]\boldsymbol{U}^{\mathrm{T}}\boldsymbol{b} \tag{6-18}$$

3. BRD 方法

1981 年，Butler 等发表了一篇求解第一类积分方程最优化解的文章，提出了非负约束正则化方法，后称为 BRD 方法（Butler *et al.*，1981），肖立志等（2012）把它归结为变换尺度反演法。BRD 方法的总体思想是寻找一组 f_i 满足式（6-14），并且对所有的 f_i 满足非负。Venkataramanan 等（2002）提出了在反演迭代中约束核函数 $\boldsymbol{K}$ 中负数项，使非负约束问题变为无约束问题，经过式（6-19）～式（6-21）迭代得出最优弛豫分布向量 $\boldsymbol{f}$：

$$\boldsymbol{f} = \boldsymbol{K}^{\mathrm{T}}\boldsymbol{c} \qquad (6\text{-}19)$$

$$\boldsymbol{c} = (\boldsymbol{K}\boldsymbol{K}^{\mathrm{T}} + \alpha\boldsymbol{I})^{-1}\boldsymbol{b}' \qquad (6\text{-}20)$$

$$\arg_{\cdot}\boldsymbol{K}_{\mathrm{c}} \geqslant 0 \qquad (6\text{-}21)$$

$$\alpha \approx \frac{\sqrt{s_0 s_1}}{\|\boldsymbol{c}\|} \qquad (6\text{-}22)$$

式中，$\boldsymbol{K} = \boldsymbol{K}_0' \otimes \boldsymbol{K}_1'$；$\otimes$ 为张量运算；$\boldsymbol{I}$ 为单位方阵，与 $\boldsymbol{K}\boldsymbol{K}^{\mathrm{T}}$ 有相同的维数；$\boldsymbol{f}$ 为待求向量，是根据 $\boldsymbol{T}_0$ 和 $\boldsymbol{T}_1$ 向量按字典编辑顺序排列形成的向量，元素个数为 $m \times p \times n$ 个；$\boldsymbol{K}_0'$、$\boldsymbol{K}_1'$、$\boldsymbol{b}'$ 为经过式（6-13）处理得到的压缩后的矩阵和向量；$\boldsymbol{c}$ 为中间一维向量，与向量 $\boldsymbol{b}$ 有相同的维度；s_0、s_1 为 $\boldsymbol{K}_0$、$\boldsymbol{K}_1$ 经过 SVD 分解后最大奇异值；α 为惩罚项平滑因子，可利用式（6-22）做近似估计。

4. GI 方法

GI（global inversion）方法是一种组合反演方法（Sun *et al.*，2004；Sun and Dunn，2005a，2005b），是为了更快速地解决二维以上谱图反演时效问题而提出的。它的思想是对每一个采集形成的回波串数据形成的谱都可以被压缩或平均为有限个弛豫基的叠加（常用 30 个），比较普遍的反演方法如 SVD 和 BRD 或是两者组合反演，可以根据其特点完成不同噪声水平下的成分谱求解。

GI 反演思想的最大优点是降低了单次反演参与的数据量。尤其是对三维反演问题，不管是针对常规 CPMG 序列还是双窗口 CPMG 序列测量，三维反演问题都可以化为两个二维反演问题来大大减少计算耗时。例如，以最小回波间隔 T_E 参数 CPMG 序列可以反演出不同等待时间 T_W 的（T_1，T_2）二维核磁共振谱，再以被 T_1/T_2 约束下的等待时间 T_W 反演不同回波间隔 T_E 的（T_2，D）二维核磁共振谱。

6.2.2　反演效果对比与分析

为了考察上述反演方法的效果，设置了数值模拟实验。在实验中，分别设置地层中常见的气水和油水两类流体模型，来考察不同反演方法对流体的敏感性。两种流体模型的组分及核磁共振属性参数见表 6-2。

表 6-2 气水模型和油水模型流体弛豫特性

流体组分	弛豫特征	$D/(cm^2/s)$	T_2/ms	T_1/ms	饱和度/%
气水模型	气体（烃）	4.0×10^{-3}	60	5000	30.0
	束缚水	4.0×10^{-5}	20	20	40.0
	可动水	4.0×10^{-5}	300	300	30.0
油水模型	轻质油	4.0×10^{-6}	600	600	30.0
	束缚水	4.0×10^{-5}	20	20	40.0
	可动水	4.0×10^{-5}	300	300	30.0

根据邓克俊（2010）提出的回波串 FCD（fluid component decomposition）弛豫谱构建思想，针对气水模型和油水模型组分流体的弛豫特征，利用高斯基函数构建其在 T_1、T_2、D 轴上特征峰的位置，高斯宽度（full width at half maximum，FWHM）为 0.9。构建的流体模型如图 6-10 所示。图 6-10 分别从（T_1，T_2，D）三维空间，（T_2，T_1）、（T_1，D）、（T_2，D）二维平面上展示了气水模型、油水模型的核磁共振质子谱。

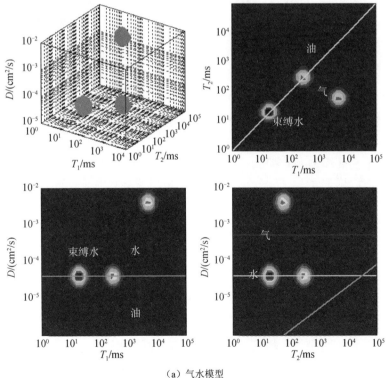

（a）气水模型

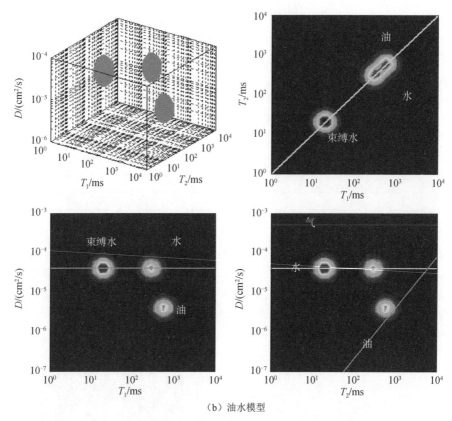

（b）油水模型

图 6-10　两种流体模型

多维核磁共振数据是采用梯度场下的一系列回波串，利用第 2 章的核磁共振谱方程，能够正演出在回波参数 T_W、T_E、N_E、G 下的回波信号。实验中针对流体模型采用了 Sun 和 Dunn 多维核磁共振全局反演（global inversion）方法中所采用的回波参数，见表 6-3。梯度场 G=30Gs/cm，反演参数 Bin 设置为 30×30×30，正演得到的回波序列如图 6-11 所示。

表 6-3　多回波序列参数设置

编号	T_W/ms	T_E/ms	N_E（油水模型）	N_E（气水模型）
1	1	0.6	556	278
2	10	0.6	556	278
3	100	0.6	556	278
4	1000	0.6	556	278
5	10000	0.6	556	278
6	10000	1.2	278	139
7	10000	2.4	139	70

编号	T_W/ms	T_E/ms	N_E（油水模型）	N_E（气水模型）
8	10000	4.8	70	35
9	10000	9.6	35	18
10	10000	19.2	18	9

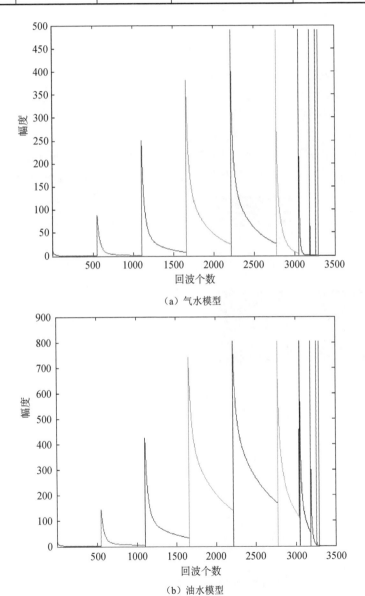

（a）气水模型

（b）油水模型

图 6-11　流体模型正演得到的回波序列

本书实验的计算环境为 Intel（R）Core（TM）i3-2100 处理器，CPU 为 3.10GHz，RAM 为 7.88GB。引入了相对误差参数（E_r），反演的相对误差定义为

$$E_r = \frac{\| f - f_{\text{model}} \|}{\| f_{\text{model}} \|} \tag{6-23}$$

式中，f 为反演结果；f_{model} 为预设模型。

对于气水模型来说，三种反演方法的反演结果都与模型近乎一致，流体特征峰都收敛到了模型特征峰位置，说明基于数据压缩的 SVD、BRD、GI 都能有效胜任高扩散流体核磁共振数据的反演（图 6-12）。由式（6-23）统计的误差来看（表 6-4），BRD 方法的相对误差为 40%，略高于 SVD 方法的 39% 和 GI 方法的 34%。在反演参数上，每个轴上的反演参数取了同一维核磁共振测井常用的 30 个基的做法，对于三维核磁共振，反演参数就达到 30×30×30。从三维参数的反演耗时来看，GI 方法采用两个二维核磁共振反演的做法大大降低了反演耗时，仅为 24.726s，相比 SVD 和 BRD 的整体约束反演耗时，GI 显得速度更快一些。

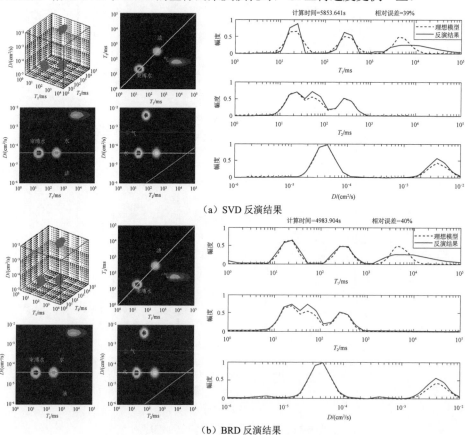

（a）SVD 反演结果

（b）BRD 反演结果

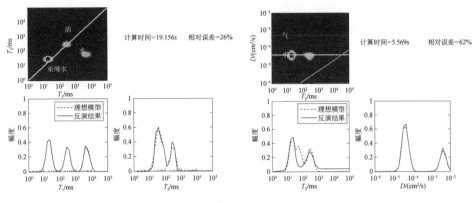

（c）GI 反演结果

图 6-12　气水模型三维核磁共振反演实验与结果对比

表 6-4　气水模型不同反演方法的计算效率和误差对比

反演方法	反演参数	计算时间/s	相对误差/%
SVD	30×30×30	5853.641	39
BRD	30×30×30	4983.904	40
GI	30×30×30	24.726	34

对于油水模型来说，三种反演方法一致收敛于流体的模型弛豫峰（图 6-13）。对于低扩散性质的流体组合，SVD 方法和 BRD 方法反演精度要更高，相对误差（表 6-5）仅为 20% 和 26%，要好于气水模型反演结果。相比之下，GI 方法的二维分段反演的做法对流体的组分特征并不敏感，误差同样保持在 30% 左右。由于三维核磁共振 30×30×30 个参数的反演，SVD 方法和 BRD 方法耗时要远远高于GI 方法的 23.634s。

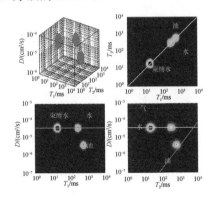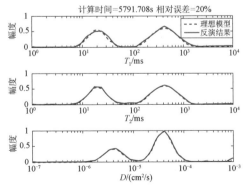

（a）SVD 反演结果

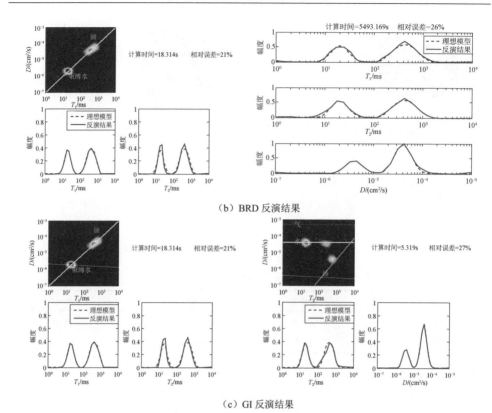

（b）BRD 反演结果

（c）GI 反演结果

图 6-13　油水模型三维核磁共振反演实验与结果对比

表 6-5　油水模型不同反演方法的计算效率和误差对比

反演方法	反演参数	计算时间/s	相对误差/%
SVD	30×30×30	5791.708	20
BRD	30×30×30	5493.169	26
GI	30×30×30	23.634	36

　　针对上述建立的气水模型和油水模型，本书开展低信噪比数据反演实验。实验中，对两种模型正演的回波序列中加入不同强度的随机噪声，构成信噪比为 40、20 和 10 的三种待反演回波信号。反演方法采用数据压缩技术的 SVD、BRD、GI 三种方法，反演模式为三维反演，为了加快反演速度采用 20×20×20 个参数。

　　图 6-14 为气水模型的不同信噪比回波信号反演结果。图 6-14 中，SVD、GI 方法反演的三种信噪比数据结果都发散，仅 BRD 方法收敛于模型。SNR 分别为 40、20、10 时，BRD 反演结果仍然可以分辨气、水信号，但反演相对误差逐渐增大。

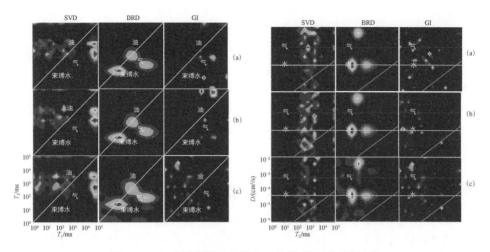

图 6-14　气水模型不同信噪比三维核磁共振反演结果

（a）SNR=40；（b）SNR=20；（c）SNR=10

图 6-15 为油水模型的不同信噪比回波信号反演结果。在信噪比 SNR 分别为 40、20、10 时，SVD、GI 方法反演结果发散，仅 BRD 方法收敛于模型。SNR 分别为 40、20、10 时，BRD 反演结果仍然可以分辨油、水信号，但反演相对误差逐渐增大。

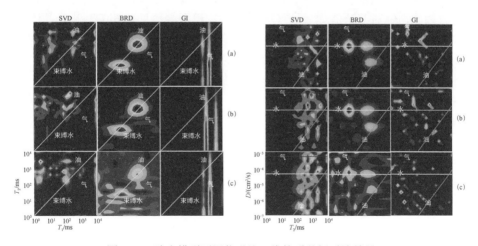

图 6-15　油水模型不同信噪比三维核磁共振反演结果

（a）SNR=40；（b）SNR=20；（c）SNR=10

综上所述，基于数据压缩的 SVD、BRD、GI 三种方法能够适应多维核磁共振大量数据的反演，尤其是能够解决三维核磁共振多回波数据。通过对两种模型的反演实验可以看出，三种反演方法的反演结果是可靠的，对高扩散流体成分和低扩散流体成分在弛豫谱图上都能有效恢复。从统计的相对误差来看，SVD、BRD、GI 方法反演结果是满意的，SVD、BRD 方法对油水这类低扩散性的流体成分反演误差更低，GI 方法由于采用分段二维数据约束的反演模式，计算耗时最少。对两种模型低信噪比数据反演实验发现，三种反演方法对噪声敏感性不同，SVD 和GI 方法在信噪比低于 40 的情况下不能反演出可靠解，相比之下 BRD 方法仍能反演出有效解。

6.3　三维核磁共振解释方法

三维核磁共振是二维核磁共振的进一步拓展，流体的表征参数延拓到了纵向弛豫时间（T_1）、横向弛豫时间（T_2）和扩散系数（D）三个维度，从油、气、水的 T_1、T_2 和 D 的空间域内去识别和定量刻画油、气、水的分布规律。

6.3.1　采集参数优化

为了使三维核磁共振测井能够更好地应用于地层流体识别和储层评价。数据核矩阵（K）和观测的回波串幅度（b）不仅受弛豫时间和扩散系数的影响，而且受仪器采集参数的影响。核磁共振测井测前采集参数设计对识别流体是至关重要的。为此，针对复杂流体模型（见图 6-16，模型参数见表 6-6），设计了不同的回波采集参数，进行三维流体参数反演实验，以考察等待时间 T_W、回波间隔 T_E以及预设反演参数 Bin 的个数对反演结果的影响。

表 6-6　油、气、水核磁共振特性

特性 流体类型	$D/(cm^2/s)$	T_2/ms	T_1/ms
轻质油	4.0×10^{-6}	600	600
束缚水	4.0×10^{-5}	20	20
可动水	4.0×10^{-5}	300	300
气体	8.0×10^{-4}	60	5000

在模拟实验中，N_E 设计采用与标准 T_2 处理一样的回波数，要求测量时间至少达到 3 倍的流体最大弛豫（Coates $et\ al.$, 1999），即 $3 \times N_E \times T_E \geqslant T_{2,max}$；磁场梯度取 $G=3.0 \times 10^{-3}$T/cm；如不加说明，默认的预选的 T_2 弛豫基的个数 $m=30$，T_1 弛豫基的个数 $n=30$，扩散系数的个数 $p=30$，待求向量 f 为 30×30×30 个参数。同时，以式（6-23）定义相对误差，来考察三维核磁共振流体信息的反演精度。

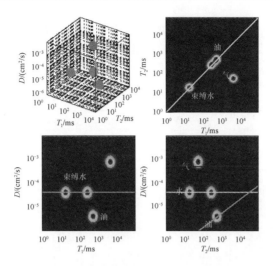

（a）流体三维空间分布及二维平面分布

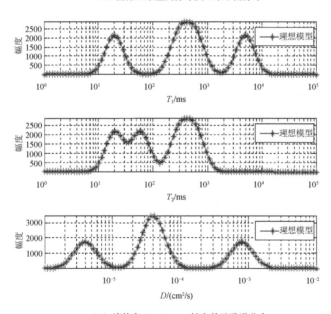

（b）流体在 T_1、T_2、D 轴上的弛豫谱分布

图 6-16　多维核磁共振复杂流体模型

1. 等待时间 T_W

三维核磁共振（T_1，T_2，D）是二维核磁共振（T_2，D）的扩展，在空间分布上增加了 T_1 轴，与此对应的在回波串采集参数上增加了反映初始流体极化状态的参数 T_W。在二维核磁共振（T_2，D）流体识别与反演中，采用多 T_E 观测模

式，增强了扩散弛豫项在反演中的精度。为了考察初始极化参数 T_W 对三维（T_1，T_2，D）空间流体反演信息的影响，设计多 T_W[10，1.0，0.1]s 与多 T_E[0.6，0.9，1.2，2.4，3.6，4.8，6.0，9.6]ms 采集参数组合，采集参数见表 6-7。

表 6-7　多 T_W 多 T_E 观测模式（Ⅰ）

模式名称	参数名称	回波串采集参数值							
		1	2	3	4	5	6	7	8
A 组	T_W/s	10	10	10	10	10	10	10	10
	T_E/ms	0.6	0.9	1.2	2.4	3.6	4.8	6.0	9.6
B 组	T_W/s	1.0	1.0	1.0	1.0	1.0	1.0	1.0	1.0
	T_E/ms	0.6	0.9	1.2	2.4	3.6	4.8	6.0	9.6
C 组	T_W/s	0.1	0.1	0.1	0.1	0.1	0.1	0.1	0.1
	T_E/ms	0.6	0.9	1.2	2.4	3.6	4.8	6.0	9.6

　　反演结果如图 6-17 所示，单 T_W 回波组合反演不能恢复流体在（T_1，T_2，D）空间的分布。等待时间 T_W 越长，极化的地层氢质子就越多，采集的回波信息就越能反映多组分流体信息，回波信号的幅度也越强。A、B、C 组采用的观测参数，从完全极化（T_W>3×$T_{1,max}$）到部分极化，从反演结果看，总体相对误差逐渐增大，反演精度依次下降。完全极化时，多组分流体信息在反演中能够恢复，但是存在伪流体信息成分，如图 6-17（a）所示；部分极化时，会丢失长弛豫和大扩散流体，如在 B 组反演中丢失气体信息，C 组反演中丢失了油和气体信息；但是会提高短弛豫和小扩散流体的分辨率，如图 6-17（c）束缚水在（T_1，T_2）和（T_1，D）投影面上的分布就较图 6-17（a）、（b）有更好的分辨率。

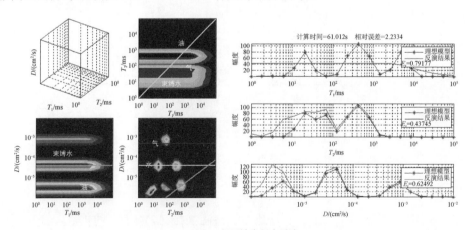

（a）A 组回波串组合反演

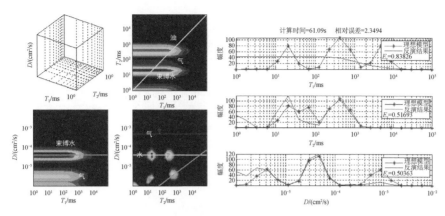

（b）B 组回波串组合反演

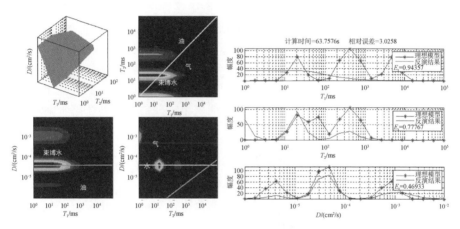

（c）C 组回波串组合反演

图 6-17　不同回波参数反演结果

2. 回波间隔 T_E

从多 T_E 回波串组合反演结果来看，长 T_W 回波串组合反演能够恢复多组分流体信息，但是可靠性低，短 T_W 回波串组合反演能够提高短弛豫和慢扩散流体的分辨率，但是会丢失长弛豫和快扩散流体信息。因此，三维核磁共振（T_1，T_2，D）流体反演采集参数中应该设计多 T_W 的回波串组合。

为此本书设计了多 T_W 回波组合 $[0.01，0.05，0.1，1.0，3.0，5.0，8.0，10.0]$s，同时为了考察回波间隔 T_E 对反演的影响，回波间隔采用单 T_E 模式。采集参数见表 6-8，其中 A 组 $T_E=0.6$ms；B 组 $T_E=2.4$ms，C 组 $T_E=6.0$ms。

表 6-8　多 T_W 多 T_E 观测模式（Ⅱ）

模式名称	参数名称	回波串采集参数值							
		1	2	3	4	5	6	7	8
A 组	T_W/s	0.01	0.05	0.1	1.0	3.0	5.0	8.0	10.0
	T_E/ms	0.6	0.6	0.6	0.6	0.6	0.6	0.6	0.6
B 组	T_W/s	0.01	0.05	0.1	1.0	3.0	5.0	8.0	10.0
	T_E/ms	2.4	2.4	2.4	2.4	2.4	2.4	2.4	2.4
C 组	T_W/s	0.01	0.05	0.1	1.0	3.0	5.0	8.0	10.0
	T_E/ms	6.0	6.0	6.0	6.0	6.0	6.0	6.0	6.0

　　回波间隔 T_E 在流体弛豫机制中影响扩散弛豫，在一维 T_2 弛豫机制中，增加回波间隔，整个 T_2 分布会前移，短横向弛豫信息会丢失。在三维弛豫空间分布中，回波间隔 T_E 对流体弛豫机制的影响能够被刻画的更精细。反演结果如图 6-18 所示，在扩散空间 D 中，通过调整 T_E，就会调整扩散项在整个弛豫机制中的弛豫权重，影响扩散性流体的恢复。图 6-18（c）中较大的 T_E 丢失了扩散弛豫较大的气体信息，而图 6-18（a）由于较小的 T_E 不能突出扩散弛豫部分在整个弛豫机制中的作用，反演的流体分布分辨率不高。

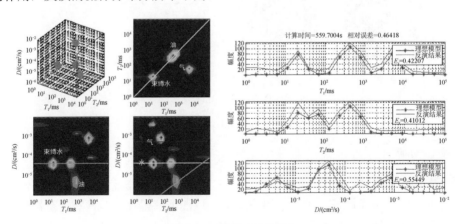

（a）A 组回波串组合反演

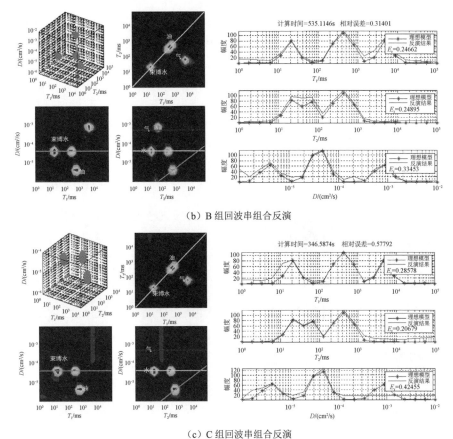

（b）B 组回波串组合反演

（c）C 组回波串组合反演

图 6-18　不同观测模式及其参数反演结果

3. Bin 的选取

结合回波串参数 T_W 和 T_E 对反演结果的影响，三维核磁共振（T_1，T_2，D）应该采用多 T_W 多 T_E 组合模式来提高对流体的反演精度。反演 T_1、T_2、D 信息时，流体（T_1，T_2，D）空间中预选弛豫基的个数 m、p、n 对反演结果也会产生一定的影响。因此，本书设计了多 T_W 回波串组合 [0.01，0.05，0.1，1.0，3.0，5.0，8.0，10.0] s 与多 T_E 回波串组合 [0.6，0.9，1.2，2.4，3.6，4.8，6.0，9.60] ms（表 6-9）进行实验，以考察预选反演参数个数对结果的影响。在反演中，反演参数个数分别取 10×10×10、20×20×20、30×30×30。

表 6-9　多 T_W 多 T_E 观测回波串设计

参数名称	回波串采集参数值							
	1	2	3	4	5	6	7	8
T_W/s	0.01	0.05	0.1	1.0	3.0	5.0	8.0	10
T_E/ms	0.6	0.9	1.2	2.4	3.6	4.8	6.0	9.6

反演结果如图 6-19 所示，当布点数较少时，弛豫谱的分辨率较低，不能精细反映流体的准确弛豫特性；当布点数越来越多时，可以提高流体在 T_1、T_2、D 轴上的分辨率，但是越多的布点数就意味着反演矩阵的维度越大，计算耗时越多，但总体相对误差和各项误差就越小。图 6-19 中，$10×10×10$ 维度，反演参数 1000 个，计算时间为 5.1168s，相对误差为 0.3894，T_1、T_2、D 轴上的单项相对误差分别为 0.7499、0.4725、0.9282；$20×20×20$ 维度，反演参数 8000 个，计算时间为 446.5997s，相对误差为 0.3293，T_1、T_2、D 轴上的单项相对误差分别为 0.3359、0.3034、0.4464；$30×30×30$ 维度，反演参数 27000 个，计算时间为 8418.4536s，相对误差为 0.2250，T_1、T_2、D 轴上的相对误差分别为 0.1625、0.1336、0.1571。

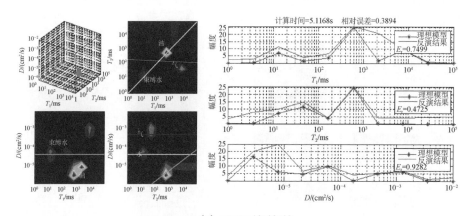

（a）$m×p×n=10×10×10$

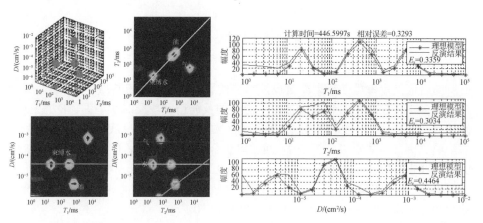

（b）$m×p×n=20×20×20$

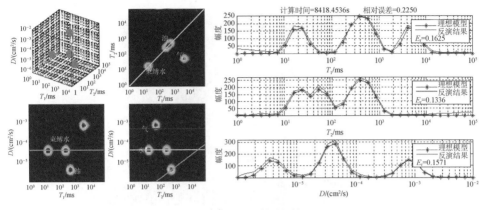

（c）$m×p×n=30×30×30$

图 6-19　不同维度反演实验与结果对比

6.3.2　流体定量解释与评价方法

三维核磁共振（T_1，T_2，D）不仅能从三个物理参数维度上直观地识别和分析流体，还能从两个维度上利用流体信息在平面上的投影做出定量评价。从流体的三维空间分布来看，特定储集状态的流体在 T_1、T_2、D 轴上的分布有特定的范围，如水的 T_1、T_2 分布集中在 $1\sim500$ms，扩散系数分布在 $2.5×10^{-5}$cm²/s 附近，其中束缚水 T_2 小于 33ms（对砂岩来说）；油的弛豫特性与其黏度有关，T_2 分布范围较宽，但其扩散系数小于 10^{-4}cm²/s；气体的弛豫特性与其压强（密度）有关，T_2 分布于 $30\sim60$ms，其扩散系数大于 10^{-4}cm²/s。

1. 组分流体饱和度

在二维平面投影上，利用在（T_2，D）平面上建立多个流体组分截止值，可以定量确定组分流体的饱和度。最常用的截止值法采用双 T_2 双 D 截止值，如图 6-20 所示，对于文中的流体模型，T_2 截止值取 33ms 和 500ms，用于区分束缚水、自由水与轻质油；D 截止值取 $2.0×10^{-5}$cm²/s 和 $2.0×10^{-4}$cm²/s，用于区分油、水与气体。该方法将（T_2，D）流体分布平面划分成了 9 个部分，可依此确定每个部分对应的流体饱和度。

2. 原油黏度、气体密度

原油和气体的弛豫特性分别与其黏度和密度有关，双截止值法在（T_2，D）NMR 平面内只能有效确定其饱和度，不能识别其赋存状态，如不能识别原油是否为轻质油、中等黏度油还是稠油。据肖立志等（2012）在不同 Larmor 测量频率下原油核磁共振实验，发现原油弛豫时间与黏度、温度有关系，当原油黏度与温度

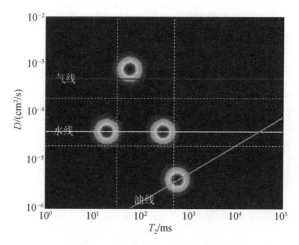

图 6-20　（T_2，D）解释图版

比值小于 0.1 时，T_1 和 T_2 近似相等，当黏度与温度比值增加，T_1 和 T_2 相差越来越大，但始终 T_1 大于 T_2。如果根据测井资料已知地层温度，那么从 T_1 与 T_2 的关系中就能够确定原油的黏度。如图 6-21 所示，在 Larmor 频率为 23MHz，地层热力学温度 T_K=300K 时，在（T_1，T_2）平面建立一系列原油黏度线（绿色线条）η_1、η_2、η_3、η_4、η_5、η_6、…、η_{gas}，其值见表 6-10，通过在黏度线上的投影来确定原油黏度。

$$T_1 / T_2 = a(\eta / T_K)^2 + b(\eta / T_K) + c \qquad (6\text{-}24)$$

$$T_{1,gas} = 2.5 \times 10^4 \cdot \rho / T_K^{1.17} \qquad (6\text{-}25)$$

式中，a、b、c 为系数；η 为原油黏度，mPa·s；T_K 为地层热力学温度，K；ρ 为气体密度，g/cm^3。

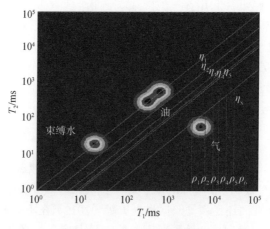

图 6-21　（T_1，T_2）解释图版

表 6-10　原油黏度、气体密度参数值

物理参数	不同流体的参数值						
	1	2	3	4	5	6	7
原油黏度 /(mPa·s)	η_1	η_2	η_3	η_4	η_5	...	η_{gas}
	30	300	1000	2000	3000	...	∞
气体密度 /(g/cm^3)	ρ_1	ρ_2	ρ_3	ρ_4	ρ_5	ρ_6	—
	0.1	0.2	0.3	0.4	0.6	0.9	—

利用 Prammer 等（1995）提出的气体纵向弛豫时间与密度和温度的关系来确定气体密度，其赋存状态反映了气体的压强。在图 6-21 中，根据式（6-25），在室温 $T_K=300K$ 时，根据气体密度线（红色线）ρ_1、ρ_2、ρ_3、ρ_4、ρ_5、ρ_6（其值见表 6-10）的投影可确定气体的密度。

6.4　多维核磁共振测井技术及其应用

目前斯伦贝谢公司的 MRScanner 和贝克休斯公司的新核磁仪器 MRExplorer 都可进行二维核磁共振测井。近年来，三维核磁共振逐渐开始进入商业应用，正成为石油行业研究的新热点。在数据采集和处理时效上，三维核磁共振面临更大的挑战。下面以斯伦贝谢公司的 MRScanner 技术为例介绍二维、三维核磁共振测井的应用。

6.4.1　MRScanner 测井技术概述

核磁扫描（MRScanner）测井仪器是斯伦贝谢公司推出的新一代电缆核磁共振测井仪。MRScanner 测井仪器的偏心测量方式和传感设计克服了仪器的探测深度与井径、井斜、井眼形状及温度的影响，它的一个重要特点是多天线设计，由一个多频主天线及两个高分辨率天线组成（图 6-22），一次下井可以进行多个探测深度的探测。仪器的外径为 5.0in，能够适用于井眼口径在 5.875in 以上的油井作业。仪器的主天线操作频率范围为 500～1000kHz，相应的磁场梯度为 38～12Gs/cm，纵向分辨率为 18.0in，探测深度为 1.5in、1.9in、2.3in、2.7in 和 4.0in。除此之外，在主天线之上还设置了两个高分辨率天线，操作频率为 1100kHz，对应的磁场梯度为 44Gs/cm，纵向分辨率为 7.5in，探测深度为 1.25in。

MRScanner 具有 6 种不同的测量模式：束缚流体模式（BFL）、基本核磁共振测量模式（BMR）、径向剖面模式（RP）、高分辨率模式（HR）、饱和度剖面模式（SP）及 T_1 剖面模式。根据不同的测井目的可以选择不同的测量模式，具体测量模式参数见表 6-11。

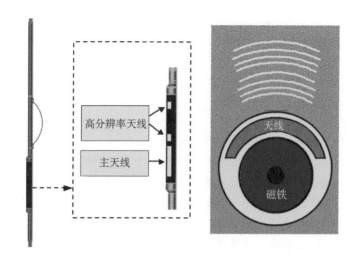

图 6-22　MRScanner 仪器示意图（据 DePavia *et al.*，2003）

表 6-11　MRScanner 测量模式

测量模式	描述	探测深度	采样间隔/in	测井模式	测井速度/（ft/h）
BFL	束缚流体模式短 T_1，T_2	SH1（1.5in）	18	上测	3600
BMR	基本核磁共振测量模式中等 T_1	SH1（1.5in） SH4（2.7in）	18	上测	1800
RP	径向剖面模式长 T_1	SH1（1.5in） SH4（2.7in）	18	上测	850
HR	高分辨率模式与主天线 T_1 对比	SH3（2.3in） LHR（1.25in）	7.5	上测 下测	410
SP	饱和度模式流体分析计算原油黏度	SH1（1.5in） SH4（2.7in） SH8（4.0in）	18	上测	240
T_1	T_1 剖面模式长 T_1，T_2 碳酸盐岩地层测量	SH1（1.5in） SH4（2.7in）	18	上测	300

　　高分辨率模式能较好地划分储层尤其是较薄的储层，能够得到合理的孔隙结构、孔喉分布、孔隙度和渗透率。饱和度测量模式采用多个等待时间，多个回波间隔，使不同流体的扩散性质以及纵向弛豫时间差异最大化，从而用于流体性质识别。由于该模式采集的数据量较大，因此测井速度较慢。高分辨率模式有两个不同的探测深度，探测深度较浅，有较长的等待时间（2s）可以使流体全部激化，可识别轻质烃。

6.4.2　储层参数评价方法

1. 组分孔隙度

核磁共振测井 T_1 或 T_2 初始时刻的幅度与所探测地层中氢核的数量成正比，如果准确刻度，核磁共振测井信号就可以准确反映地层孔隙度。Straley 等通过实验，统计了砂岩岩心 2MHz 下 NMR 孔隙度与岩心孔隙度的相关性，发现在测井频率下（如 1~2MHz）核磁共振测量的孔隙度可以代替其他方法测量的孔隙度。

MRScanner 高分辨率模式的孔隙结构与一维核磁共振测井 CMR（combinable magnetic resonance tool）处理的孔隙结构具有类似的原理和处理方式，即把 T_2 有效测量范围 0.3~3000.0ms 分成 8 个不同的 Bin 区间，依次是 1.0ms、3.0ms、10.0ms、30.0ms、100.0ms、300.0ms、1000.0ms、3000.0ms，依此来研究不通过弛豫区间的流体分布特点。如图 6-23 所示，T_2 有效测量范围划分为了 8 个区间，从小弛豫区间到大弛豫区间依次为 MBP1、MBP2、MBP3、MBP4、MBP5、MBP6、MBP7、MBP8。从核磁共振两相流体（束缚流体和可动流体）的划分来讲，$T_{2cutoff}$ 的选择不同，划分两相流体的分布也不同，因此根据有效测量范围内的区间分点，可视为 $T_{2cutoff}$ 的试划分点。如把 MBF1、MBF2、MBF3、MBF4、MBF5、MBF6、MBF7 依次视为束缚流体孔隙度，MFF1、MFF2、MFF3、MFF4、MFF5、MFF6、MFF7 依次作为可动流体孔隙度，来统计和分析最佳流体 $T_{2cutoff}$ 划分点。

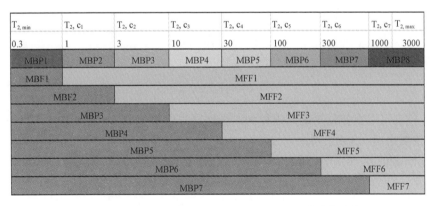

图 6-23　高分辨率模式的 $T_{2cutoff}$ 值对应不同孔隙结构分布

核磁共振反演的 T_2 分布经过刻度后反映流体的组分孔隙度分布，根据弛豫组分分布特点能够计算出总孔隙度、有效孔隙度、束缚流体孔隙度等组分孔隙度。

2. 渗透率

核磁共振测井中主要有三种渗透率计算方法（肖立志，1998；Coats *et al.*, 1999;

邓克俊，2010）：SDR 公式、Timur/Coates 公式和 Sb/Pc-Swanson 公式。在 MRScanner 高分辨率模式，可以根据长弛豫部分的 T_2 分布来确定大孔；为 T_2 分布短弛豫部分可以确定小孔或微孔，基本为束缚流体部分。根据孔隙分类渗透率的计算可分为两部分：微孔和中孔部分，渗透率计算主要采用 SDR 公式（3-7），其计算渗透率方法与 CMR 测井采用的渗透率计算方法基本相同。

3. 饱和度

利用 MRScanner 得到的冲洗带含油饱和度、冲洗带和原状地层电阻率，结合静自然电位求得。首先由 Archie 公式，冲洗带电阻率和原状地层电阻率可得

$$R_{xo} = \frac{a \cdot R_{mf}}{\phi^m \cdot S_{xo}^n} \qquad (6\text{-}26)$$

$$R_t = \frac{a \cdot R_w}{\phi^m \cdot S_w^n} \qquad (6\text{-}27)$$

由式（6-26）和式（6-27）可得

$$\frac{R_{xo}}{R_t} = \frac{R_{mf} \cdot S_w^n}{R_w \cdot S_{xo}^n} \qquad (6\text{-}28)$$

由式（6-26）和式（6-27）分别推导得地层含水饱和度 S_w，并进而得到含油饱和度（S_o）：

$$S_w = S_{xo} \sqrt[n]{\frac{R_w \cdot R_{xo}}{R_{mf} \cdot R_t}} \qquad (6\text{-}29)$$

$$S_o = (1 - S_w)\phi \qquad (6\text{-}30)$$

式中，S_{xo} 可以直接从核磁共振得到。视地层水电阻率 R_w 和泥浆滤液电阻率 R_{mf} 由静自然电位（SSP）得到。

ElanPlus 解释程序是斯伦贝谢公司在 Global 程序的基础上发展起来的一种先进测井分析程序。ElanPlus 的基本原理是通过建立测井岩石物理模型，反复结合"正演""反演"技术，采用统计方法和最优化技术地层各组分的百分含量（梁艳，2011）；输出的测井曲线是地层油、气、水，以及地层岩石和矿物的综合响应，计算得到的饱和度是电阻率、中子、密度和声波时差的综合结果。计算方法采用式（3-13）完成，处理中，地层胶结指数 $m=2$，饱和度指数 $n=2$，地层水电阻率 $R_w=0.45\Omega \cdot m$。

6.4.3　核磁共振采集模式及实例分析

MRScanner 仪器的测井模式包括高分辨率模式（HR）和饱和度模式（SP）两种。

1. 高分辨率模式处理

高分辨率模式（HR）采用了 SH3（2.3in）和 LHR（1.25in）两种探测深度模式，采集参数见表 6-12。

表 6-12　高分辨率模式采集参数

模式名称	参数名称	回波串采集参数值		
		1	2	3
SH3（2.3in）	T_W/ms	1954	32.4	16.4
	T_E/ms	0.45	0.45	0.45
	N_E	1500	64	32
LHR（1.25in）	T_W/ms	4335	16.4	8.4
	T_E/ms	0.45	0.45	0.45
	N_E	1500	32	16

图 6-24 和图 6-25 是对两种探测深度数据处理的结果。第一道为自然伽马（GR）、钻头直径（BS）；第二道为深度；第三道为计算的渗透率（KTIM）；第四道为总孔隙度（MRP）；第五道为流体孔隙度（FFV）、（MFF2）；第六道和第七道分别为 SH3 和 LHR 深度下的有效弛豫区间不同 Bin 确定的流体孔隙结构分布；第八道和第九道分别为 SH3 和 LHR 深度下的 T_2 弛豫谱分布以及 T_2 分布的对数平均值 T_{2LM}。

图 6-24 为 910～960m 井段数据处理结果。图中从 GR 曲线分析几乎不能划分储层，但从 MRScanner 的高分辨率模式结果，无论是孔隙结构、孔隙度还是渗透率，都能清晰地划分储层，甚至识别非储层，判断是否能做隔挡。912.7～914.5m 井段是较好的储层，总孔隙度为 0.23，有效孔隙度为 0.18，自由流体孔隙度为 0.13，渗透率为 4mD，T_2 分布以中孔为主，呈单峰结构，说明孔隙结构单一。914.5～922.5m 井段是相对较差的储层，总孔隙度虽然较高，为 0.18，但有效孔隙度为 0.1～0.13，自由流体孔隙度为 0.03～0.06，渗透率小于 1mD。922.5～922.7m 井段厚度只有 0.2m，其物性极差，总孔隙度为 0.12，有效孔隙度和自由流体孔隙度接近 0，渗透率小于 0.01mD，因此本层可以做隔层，为储层非均质性分析和流体性质解释提供依据。945～952m 井段是物性较好的储层，有效孔隙度为 0.17，自由流体孔隙度为 0.08，渗透率为 5mD，T_2 分布呈双峰，指示中小孔分布。整体上看，整个 910～960m 井段常规测井较难划分储层和阻挡层，而从核磁高分辨率处理结果，能清楚地了解纵向上各个层的物性分布，为流体分析提供依据。

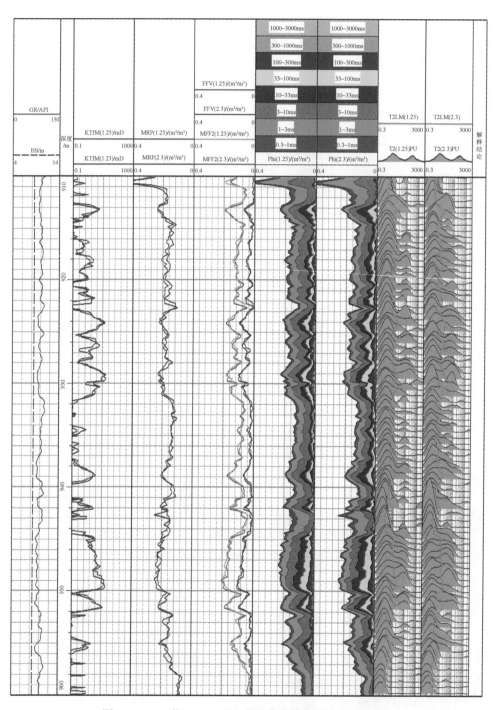

图 6-24　ZW 井 910～960m 井段高分辨率模式处理结果

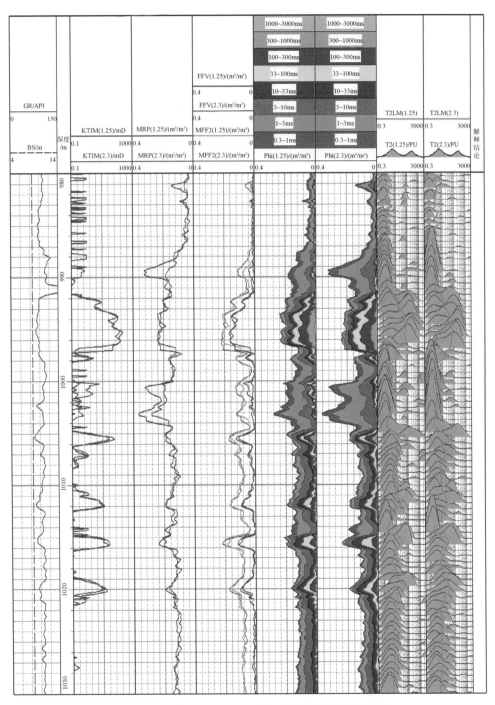

图 6-25　ZW 井 980～1030m 井段高分辨率模式处理结果

图 6-25 为 980～1030m 井段数据处理结果。从 MRScanner 的高分辨率模式结果分析，无论是孔隙结构、孔隙度还是渗透率，都能清晰地划分储层，尤其薄层。992～997m 井段是本井段物性最好的层，总孔隙度与有效孔隙度都达到了 0.20，自由流体孔隙度较高为 0.14，渗透率达到 100mD，T_2 分布以长弛豫谱峰为主，2.3in 的测量达 1000ms，以大孔隙为主。该段下部的四个薄层 1005～1006m、1011～1012m、1015～1016m、1019～1021m 也是物性较好的储层，有效孔隙度和自由流体孔隙度都很高，T_2 分布以长弛豫单峰为主。

2. 饱和度模式处理

一维核磁共振测井主要通过差谱法和增强扩散法来识别流体。差谱法是检测天然气或凝析气等轻烃最为有效的方法（肖立志等，2012；谭茂金等，2008）。该方法利用两种不同等待时间的测量数据进行结合，较短的 T_W 使具有较长磁化时间和衰减时间的地层流体欠磁化，具有较短弛豫时间的流体的测量数据不会受到 T_W 变化的影响，根据各次测量之间的差异可以确定是否存在轻烃。增强扩散法使用不同 T_E，在采用短 T_E 采集测量数据时，水和油通常具有相似的弛豫时间，但如果采用较长的 T_E 时，水的弛豫时间通常要比油的弛豫时间短。为了分离油信号，将采用短 T_E 获得的测量数据与利用长 T_E 获得的回波序列进行比较后，选择短 T_E 来增强地层流体的扩散差异。T_E 越长，水信号会越弱，从而导致剩余信号是油信号。

依靠常规 T_2 弛豫测量的差谱法和增强扩散编辑法，其结果被局限于一维流体范围内，无法直接定量确定流体类型。因此，MRScanner 为识别流体设计了一种新的采集方法——扩散编辑法（Hurlimann *et al.*，2002）。在常规 CPMG 序列和短 T_E 条件下，油信号和水信号的弛豫速率几乎相同，与扩散速率较慢的油信号相比，增大 T_E 值可以优先增大扩散速率较快的水的 T_E 值，但与之对应的却是较少的回波和较低的信噪比。如图 6-26 所示，扩散编辑法采用多 T_E 的 CPMG 序列模式，该方法中只将前两个回波延长以强化扩散效应，而保持短 T_E 的优势来获得更好的信噪比。由于水和油气的扩散系数不一样，使得各自在 T_2 分布上的位置发生变化，由此对油、气、水进行识别，计算流体饱和度。

饱和度模式（SP）采用了 SH1（1.5in）、SH4（2.7in）和 SH8（4.0in）三种探测深度模式，采集参数见表 6-13。

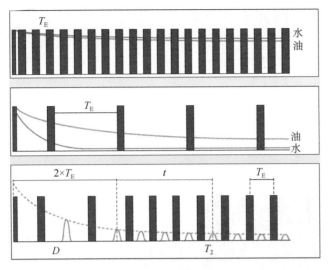

图 6-26　扩散编辑法

表 6-13　饱和度模式及其观测参数

模式名称	参数名称	回波串采集参数值										
		1	2	3	4	5	6	7	8	9	10	11
SH1（1.5in）	T_W/ms	8977	2770	2269	2279	2293	2313	1997	800.4	100.4	32.4	8.4
	T_{EL}/ms	0.45	0.45	3	5	8	12	2	0.45	0.45	0.45	0.45
	T_{ES}/ms	0.45	0.45	0.45	0.45	0.45	0.45	0.45	0.45	0.45	0.45	0.45
	N_E	1002	802	802	802	802	802	802	700	192	64	16
SH4（2.7in）	T_W/ms	8925	2859	2245	2251	2263	2277	1972	800.6	100.6	32.6	8.6
	T_{EL}/ms	0.6	0.6	4	7	10	16	3	0.6	0.6	0.6	0.6
	T_{ES}/ms	0.6	0.6	0.6	0.6	0.6	0.6	0.6	0.6	0.6	0.6	0.6
	N_E	752	602	602	602	602	602	602	512	144	64	16
SH8（4.0in）	T_W/ms	7201	4148	2215	1993	1998	2008	2020	801	101	33	9
	T_{EL}/ms	1.0	20.0	1.0	4.0	6.0	10.0	14.0	1.0	1.0	1.0	1.0
	T_{ES}/ms	1.0	1.0	1.0	1.0	1.0	1.0	1.0	1.0	1.0	1.0	1.0
	N_E	452	362	362	362	362	362	362	300	192	32	16

　　扩散编辑法强化了水和油气的扩散差异，由此来对油、气、水进行识别，尤其在海区勘探中都取得了不错的应用效果。但是该方法探测深度较浅，在遇到泥浆侵入严重层段（测量范围为近井区域），流体的描述往往不可靠。例如，ZW 井 924.5m 处为泥浆侵入严重部位，从 AIT 反演结果看，泥浆侵入约 10in，远远超过了仪器的探测范围。解释的流体饱和度如图 6-27 所示，得到的流体饱和度基本为冲洗带的饱和度，三个不同探测深度的含油饱和度几乎相等，均为 0.1。

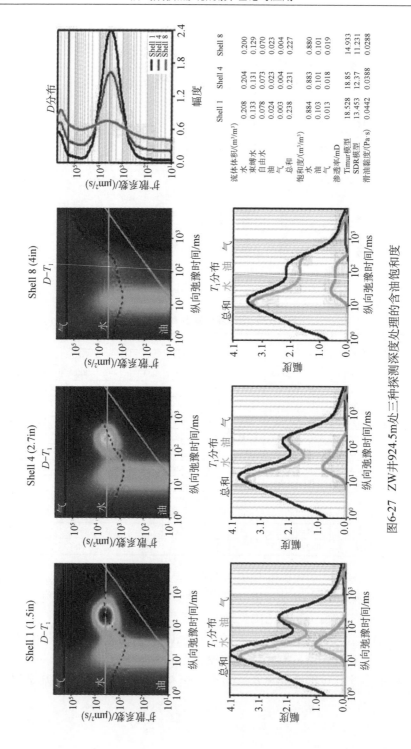

图6-27 ZW井924.5m处三种探测深度处理的含油饱和度

图 6-28 和图 6-29 是 MRScanner 饱和度处理模式下三种探测深度数据处理的结果。第一道为自然伽马（GR）、钻头直径（BS）、井径（HCAL）；第二道为深度；第三道为 AIT 一维反演得到的深浅电阻率，深电阻率（RT）、冲洗带电阻率（RX）；第四道为常规孔隙度、密度（PHOZ）、中子（TNPH）、声波（DT）；第五、第六、第七道分别对应 SH1、SH4 和 SH8 深度下流体饱和度，总孔隙度（MRP）、束缚水饱和度（VXBW）、含油饱和度（VXWA）；第八道为冲洗带含水饱和度（SXO）；第九～第十四道分别对应 SH1、SH4 和 SH8 深度下的纵向弛豫 T_1 和扩散系数 D 信息，包括 T_1 分布（T1DIST），束缚流体截止值（$T_{1\text{cutoff}}$）、D 分布（DCDIST）、D 谱水线（DC_水）和气线（DC_气）。

图 6-28 为 910～960m 井段数据处理结果。第三道的深浅电阻率曲线道，可由此了解地层泥浆的侵入情况，916～945m 井段有明显的泥浆侵入现象。第五～第八道反映了流体饱和度的信息，从处理结果可知，三种不同探测深度的饱和度基本相同。第九～第十四道反映三种不同探测深度的弛豫和扩散信息。

饱和度模式在储层划分方面明显差于高分辨率模式。912.7～914.5m 井段是较好的储层，冲洗带内的三种不同探测深度含油饱和度基本相同，约为 0.08，说明侵入明显或束缚水含量高。914.5～922.5m 井段是相对较差的储层，深浅电阻率差异小，冲洗带内三种不同探测深度含油饱和度为 0.1，但束缚水含量较高。945～952m 井段是物性较好的储层，冲洗带内三种不同探测深度含油饱和度为 0.1。从扩散系数分析，910～960m 井段几乎无差异，落在水线上，说明含油性差或泥浆侵入明显。

图 6-29 为 980～1030m 井段数据处理结果。从第三道的深浅电阻率可以看出多个层段有明显的泥浆侵入。第五～第八道流体饱和度信息反映的三种不同探测深度的饱和度基本相同。992～997m 井段是本段物性最好的储层，束缚水含量最低，约为 0.15，计算含油饱和度随着探测深度的不断增大而逐渐降低，1.5in 探测深度数据计算的饱和度约 0.12，4.0in 探测深度数据计算的饱和度为 0.09。从扩散系数分析，4.0in 探测深度数据计算的 D 值在水线和气线之间有微弱信号，说明本层可能含轻烃。

3. 综合评价

图 6-30 和图 6-31 是结合 ElanPlus 处理结果的测井综合评价。第一道为自然伽马（GR）、钻头直径（BS）、井径（CAL1 和 CAL2）；第二道为深度；第三道和第四道分别为 SH3 和 LHR 深度下的有效弛豫区间不同 Bin 确定的流体孔隙结构分布；第五、第六、第七道对应 SH1、SH4 和 SH8 深度下流体饱和度，总孔隙度（MRP）、束缚水饱和度（VXBW）、含油饱和度（VXWA）；第八道为冲洗带含水饱和度（SXO）；第九道为 ElanPlus 处理的饱和度，含水饱和度（Sw）、束缚水饱和度（SBVC）；第十道为 ElanPlus 计算的矿物含量；第十一道为解释道。

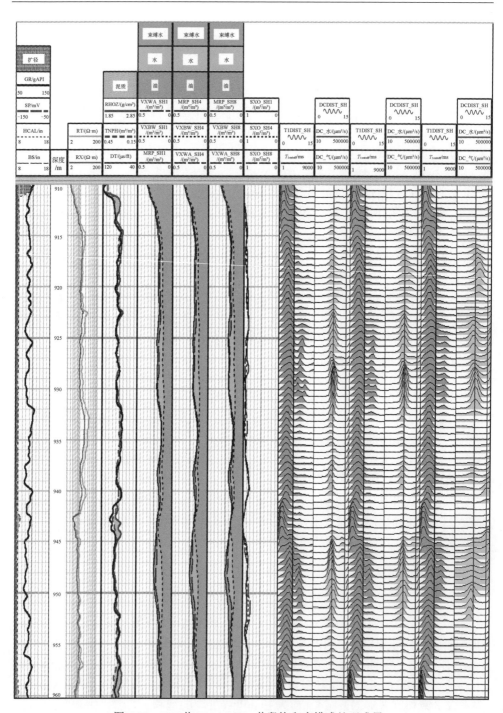

图 6-28　ZW 井 910～960m 井段饱和度模式处理成果

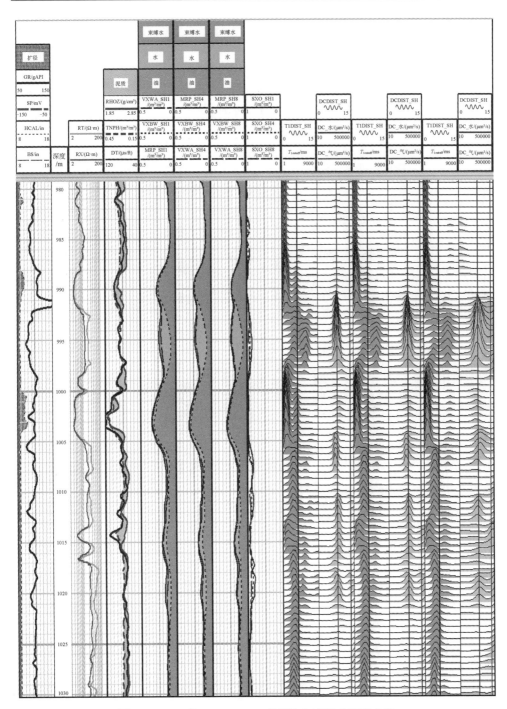

图 6-29　ZW 井 980～1030m 井段饱和度模式处理成果

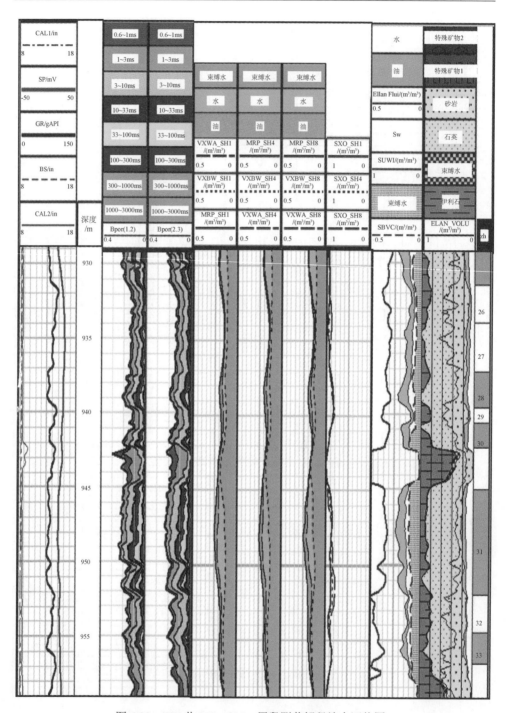

图 6-30　ZW 井 910～935m 层段测井解释综合评价图

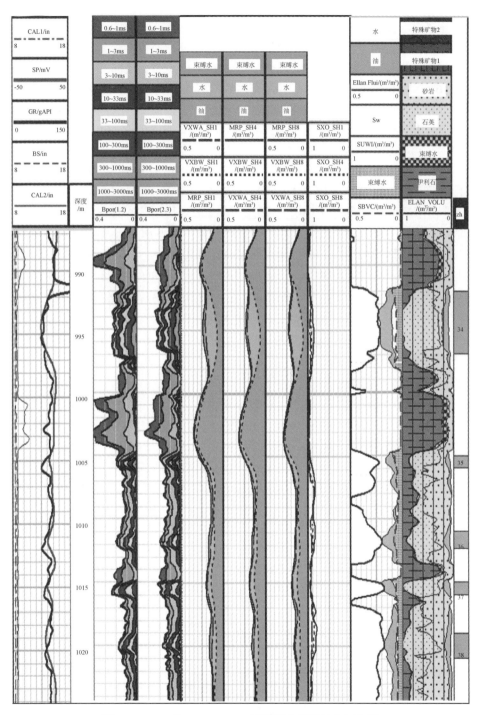

图 6-31　ZW 井 990～1025m 层段测井解释综合评价图

图 6-30 展示了解释结论为油水同层的测井响应特征。总体上看，泥质含量较高，NMR 孔隙度以小孔为主，含水饱和度较高，存在自由水，录井有含油显示。

912.7～914.5m 层段：测井综合评价为油水同层。该段 ElanPlus 计算泥质含量为 0.16，NMR 有效孔隙度为 0.19，孔隙结构以小孔为主，渗透率为 4mD；核磁共振计算冲洗带饱和度为 0.08，结合自然电位和电阻率 RT/RX 得到原状地层含油饱和度 0.3，含水饱和度高达 0.7，与 ElanPlus 计算的含油饱和度基本相吻合，说明地层有自由水。该段录井级别油迹，解释结论为油水同层。

915.8～922.5m 层段：ElanPlus 计算泥质含量为 0.15，NMR 有效孔隙度为 0.13，孔隙结构以小孔为主，渗透率为 1mD；计算冲洗带饱和度为 0.10，结合自然电位和电阻率 RT/RX 得到原状地层含油饱和度 0.35，ElanPlus 计算的含水饱和度为 0.65。录井级别油迹、油斑、油浸，同样解释为油水同层。

922.7～931.5m 层段：ElanPlus 计算泥质含量为 0.10，NMR 有效孔隙度为 0.17，孔隙结构以小孔为主，渗透率为 2mD；核磁共振计算冲洗带饱和度为 0.11，结合自然电位和电阻率 RT/RX 得到原状地层含油饱和度 0.37，ElanPlus 计算的含水饱和度为 0.63。录井级别荧光、油迹、油斑，测井解释综合评价为油水同层。

图 6-31 为油层的核磁共振测井响应特征。总体上看，泥质含量偏低，NMR 孔隙度较大且多以长弛豫孔喉为主，含水饱和度在 0.5 左右，渗透率较高，录井有含油显示。

992.0～997.0m 层段：ElanPlus 计算泥质含量为 0.02，NMR 有效孔隙度为 0.2，孔隙结构以中大孔为主，渗透率为 100mD；核磁共振计算冲洗带饱和度为 0.12，结合自然电位和电阻率 RT/RX 得到原状地层含油饱和度 0.55，与 ElanPlus 计算含油饱和度相吻合。另外，从 MRScanner 饱和度模式结果分析有微弱的轻烃信号，并且高分辨率模式结果大于 1000ms 的长 T_2 弛豫明显。录井级别荧光，因此测井综合评价为油层。

1005.0～1006.0m、1011～1012.3m、1015～1016m、1019～1021m 层段测井综合评价为差油层。ElanPlus 计算泥质含量在 0.1 左右，NMR 有效孔隙度约为 0.17，孔隙结构以中孔为主，渗透率为 10mD；核磁共振计算冲洗带饱和度在 0.09 左右，结合自然电位和电阻率 RT/RX 得到原状地层含油饱和度 0.50，与 ElanPlus 计算含油饱和度相吻合。录井级别荧光，储层厚度较薄，因此测井综合评价为差油层。

近几年发展起来的二维核磁共振技术已经成为流体识别、估算饱和度的有力武器，比原来仅有的 T_1 或 T_2 一维核磁共振技术要准确得多。从反演的（T_2，D）二维核磁共振质子谱上很容易识别其流体成分。在强非均质性砂泥岩储层评价上，利用高分辨率模式划分储层尤其是较薄的储层，利用饱和度模式获得径向上（T_1，D）二维质子谱图，能够分析泥浆影响和检测轻烃。相比之下，如果将更多参数耦合关系从核磁共振信号中表达出来，如（T_1，MAS）、（T_1，MRI）（D，MRI）、（T_1，T_2，D，G）等，对于研究和解决储层流体识别与评价问题来说将有很大的推动。三维核磁共振是二维核磁共振技术的拓展，在采集参数设计上，三维核磁共振需要采集多 T_W 多 T_E 回波序列，回波序列中应包含完全极化（T_{WL}）和部分极化（T_{WS}）回波，来识别多组分流体信息和提高分辨率，也应包含 T_{EL} 和 T_{ES} 回波来加强不同扩散性流体的识别。在反演参数优化上，合理 Bin 的选择因考虑到流体弛豫刻画的精细程度和计算耗时，一般不应超过 30 个。同时，通过深入对不同饱和度岩石样本的核磁共振研究，希望能够获得更多的流体状态信息，以辅助我们更好地去解释流体和指导生产。例如，利用核磁共振测量去开发井下湿润性研究的有用技术，同时期待这项研究能够预测包括原油分子组分的储层流体 PVT 参数，这项技术将会对提高传统的地层评价和完井结果产生重大影响。另外，探索核磁共振扩散测量方法能够更好地定义岩石活孔隙空间的连通性和结构，这项研究将更好地指导复杂储层的采收率。

第7章 孔隙尺度核磁共振微观响应

为了了解微观孔隙结构及其对岩石尺度的 NMR 测井响应的影响及规律，开展孔隙尺度下的 NMR 微观响应模拟是一个重要途径和手段。本章介绍了孔隙尺度 NMR 响应的弛豫机理、数值模拟方法及其步骤，分析了不同成岩状态的 NMR 响应特征与变化规律，还针对不同孔隙结构的多孔介质，分析了其 NMR 微观响应特征。

7.1 孔隙尺度核磁共振数值模拟

孔隙尺度核磁共振数值模拟与微观响应研究是一个比较新颖的内容。在国内外，已经取得了重要的研究进展。

Øren 等（2002）用基于过程的方法，重建了不同孔隙度的枫丹白露砂岩的三维微观结构。通过模拟的磁化衰减与直接在相似孔隙度的枫丹白露砂岩微 CT 成像上计算结果对比，这些结果得到了验证。磁化衰减受流体的表面积、体积和多孔介质的表面弛豫率的影响较大，因为填砂模型的均一性，Olumide 等（2009）选择填砂模型进行了实验，分别在微 CT 图像和由微 CT 图像提取的网格中，利用随机行走法模拟了磁化强度衰减的过程，即得到了 NMR 响应的模拟结果，又利用曲线平滑正规化方法将模拟结果反演成 T_2 分布，还计算了渗透率、地层因数等性质，所有模拟结果均与实验结果存在良好的一致性。Valfouskaya 等（2006）研究了由计算机生成的不同类型的多孔介质的离散化模型中，表面扩散系数的时间演化。Hidajat 等（2002）用合成的多孔介质模型研究了 NMR 响应与渗透率之间的关系。

Arns 等（2005）在由岩石样品提取的微 CT 图像上展开了全面的 NMR 响应研究。Ramakrishnan 等（1999）用压实的微球体颗粒所填充的规则立方体模型，研究了碳酸盐岩中的扩散孔隙耦合现象。Toumelin 等（2003）将 Ramakrishnan 等（1999）的模型进行了推广，考虑了恒定常数磁场梯度下的微观扩散影响，并针对饱和流体微观多孔介质有效模拟了 NMR 响应。Jin 等（2009）分析了样品离散化对数值模拟 NMR 响应的影响，基于颗粒和像素发展了随机行走技术的两种不同算法，计算磁化强度随时间的变化。在简单多孔介质模型测试表明，两种方法得到的结果具有良好的一致性。Talabi（2008，2009）成功地高精度对比了使用最大球法提取网格中盐水的磁化强度衰减和 T_2 分布与填砂模型的微 CT 图像的磁化衰减和 T_2 分布。

7.1.1　NMR 弛豫机理

通常情况下，单个孔隙介质内流体的横向弛豫时间 T_2 可写成如下形式：

$$\frac{1}{T_2} = \frac{1}{T_{2S}} + \frac{1}{T_{2B}} + \frac{1}{T_{2D}} \tag{7-1}$$

$$T_{2S} \approx \left(\frac{\rho S}{V} \right)^{-1} \tag{7-2}$$

$$T_{2D} = \left(\frac{\gamma^2 G^2 T_E^2 D}{12} \right)^{-1} \tag{7-3}$$

式中，T_{2S} 为表面弛豫，主要与孔隙几何形状（比表面积）和岩石类型有关；T_{2B} 为自由弛豫，主要与流体性质有关，与孔隙几何形状无关；T_{2D} 为扩散弛豫，主要与磁场梯度（G）、回波间隔（T_E）和流体的有效扩散系数（D）有关；γ 为旋磁比。

对于微观孔隙结构中流体 NMR 的信号强度 $M(t)$ 随时间 t 的变化，可由式（7-4）计算：

$$\frac{M(t)}{M(0)} = \exp\left(-\frac{t}{T_{2B}} \right) \cdot M_S(t) \cdot M_D(t) \tag{7-4}$$

式中，$M(0)$ 为 $t=0$ 时的 NMR 信号强度；$M_D(t)$ 为时刻 t 的扩散弛豫强度；$M_S(t)$ 为时刻 t 的表面弛豫强度。

7.1.2　随机行走法模拟方法

求解孔隙介质中流体的自旋扩散问题有如下方程（Brownstein and Tarr，1979）：

孔隙中

$$D\nabla^2 m(r,t) - \frac{m(r,t)}{T_B} = \frac{\partial m(r,t)}{\partial t} \tag{7-5}$$

界面

$$\hat{n} \cdot D\nabla m(r,t) + \rho m(r,t)\big|_S = 0 \tag{7-6}$$

式中，$m(r,t)$ 为尚未发生弛豫的自旋密度；$1/T_B$ 为体弛豫速率；ρ 为固-液界面弛豫率或表面弛豫强度；D 为孔隙流体的自旋扩散系数；n 为界面的单位向量（从孔隙指向骨架）。

自旋扩散方程可用随机行走法求解（Ramakrishnan *et al.*，1999），该方法基于扩散粒子（步行者）的布朗运动。孔隙中流体的表面弛豫 $M_S(t)$ 和扩散弛豫 $M_D(t)$ 模拟示意图如图 7-1 所示，其具体步骤如下：

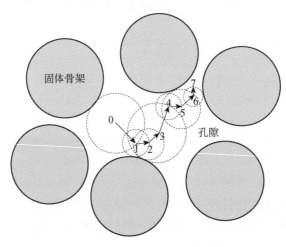

图 7-1　随机行走法示意图

（1）将固定数目的步行者（质子）随机分布于岩石孔隙中。

（2）计算质子与最近固体表面的距离 d，当 d 较小时（$<3\varepsilon$，ε 为传统方法的扩散半径），采用传统方法，即扩散半径 $r=\varepsilon$；当 d（$>3\varepsilon$）较大时，采用第一旅行时方法（Zheng and Chiew，1989），即扩散半径 $r=d$。

（3）计算时间间隔 Δt 和质子下一时刻的位置 $\left[x(t+\Delta t),\ y(t+\Delta t),\ z(t+\Delta t)\right]$：

$$\Delta t = r^2 / D$$
$$x(t+\Delta t) = x(t) + r \cdot \sin\phi \cdot \cos\theta$$
$$y(t+\Delta t) = y(t) + r \cdot \sin\phi \cdot \sin\theta \qquad (7\text{-}7)$$
$$z(t+\Delta t) = z(t) + r \cdot \cos\phi$$

式中，$\cos\varphi$ 从 $[0,\ 1]$ 中随机选取；θ 从 $[0,\ 2\pi]$ 中随机选取；$\left[x(t),\ y(t),\ z(t)\right]$ 为当前时刻质子的位置。

（4）判断质子是否与固体表面碰撞，若质子与固体表面发生碰撞，通常有两种处理方法：①质子以 δ 概率殒灭，若质子未陨灭，则质子发生反弹；②质子磁化强度以 $(1-\delta)$ 或 $\exp(-\delta)$ 衰减并发生反弹。

概率 δ 的计算公式为

$$\delta = \frac{2\rho r}{3D} \tag{7-8}$$

式中，ρ 为表面弛豫率；r 为质子扩散半径；D 为流体扩散系数。

第②种方法相对第①种方法运算速度较慢，模拟结果光滑。当质子数足够多时，两种方法模拟结果之间的误差可以忽略。通常采用第①种方法，运算速度快且模拟结果精度能够满足要求。

（5）判断质子是否走出岩石，若质子走出岩石，则质子下一时刻的位置在岩石的相反面随机选取一个孔隙位置。

（6）计算质子的相位偏移 ϕ，计算方法如下：

$$\phi(t+\Delta t) = \phi(t) + \gamma G \left\{ \frac{z(t+\Delta t) + z(t) - 2z(0)}{2} \right\} \Delta t + \gamma G \sqrt{\frac{D\Delta t^3}{6}} \text{Normal}( ) \tag{7-9}$$

式中，Normal( ) 为高斯随机数。当 $t = (n+1/2)T_E$ 时，相位发生反转 $\phi(t) = -\varphi(t)$，以符合 CPMG 脉冲序列采集要求。

（7）当 $t = nT_E$ 时，记录质子的扩散磁化强度（相位余弦）和表面磁化强度进而得到质子磁化衰减信号总和，重复步骤（2）～（6），直至采样时间大于设置的阈值时终止。

通过两个模拟实验可以验证随机行走法模拟孔隙尺度 NMR 响应的有效性和正确性。一是在均匀场下模拟的表面弛豫与式（7-2）解析一致性好；二是在梯度场下，模拟的扩散弛豫与式（7-3）的解析值对应性好（邹友龙，2013）。

7.1.3　沉积岩孔隙尺度核磁共振微观响应

1. 不同成岩过程岩石的核磁共振响应

岩石成岩过程主要包括沉积、压实和胶结过程。随着成岩过程的进行，岩石孔隙结构也会随之变化。为了研究不同成岩过程岩石的 NMR 响应，对比分析了沉积、压实和胶结过程岩石的 NMR 响应。图 7-2 为重构的成岩过程不同阶段的多孔介质模型。

在均匀场中，假设颗粒表面弛豫率为 50μm/s，流体扩散系数为 2.5μm²/ms，自由弛豫为 2.5s，利用这些参数模拟不同成岩过程中岩石的 NMR 响应。图 7-3（a）为不同成岩过程中岩石多孔介质的 NMR 响应，随着成岩过程的进行岩石孔隙度不断减小、NMR 弛豫衰减速度不断加快。不同成岩过程中的岩石在 T_2 谱上表现为：随着成岩过程的不断进行，T_2 分布的峰值逐渐向短 T_2 弛豫方向偏移，如图 7-3（b）所示，这主要是孔隙半径逐渐减小造成的，并且出现了一些不连通的微孔。

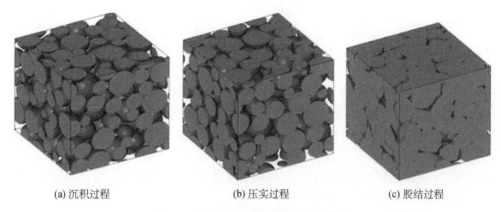

(a) 沉积过程 (b) 压实过程 (c) 胶结过程

图 7-2　不同成岩过程重构的岩石模型

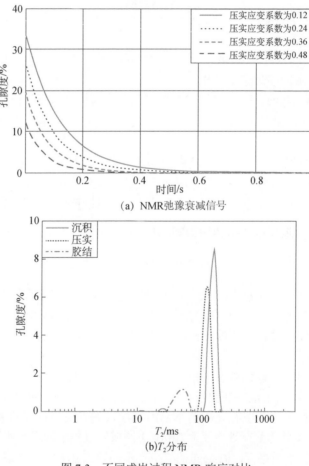

（a）NMR 弛豫衰减信号

（b）T_2分布

图 7-3　不同成岩过程 NMR 响应对比

2. 不同压实程度岩石的核磁共振响应

在岩石压实过程中，选取不同的应变系数可以获得不同压实程度的多孔介质模型。图 7-4 为压实应变系数分别为 0.24、0.36 和 0.48 时生成的岩石模型。

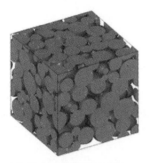 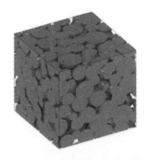 

（a）压实应变系数为0.24　　　　　（b）压实应变系数为0.36　　　　　（c）压实应变系数为0.48

图 7-4　不同压实程度的多孔介质模型

模拟压实过程后岩石的 NMR 响应，其 NMR 弛豫信号衰减曲线如图 7-5（a）所示。图 7-5（b）为 NMR 弛豫信号反演得到的 T_2 分布。从图中可以看出，随着岩石压实应变系数的增加，NMR 弛豫信号衰减逐渐加快，T_2 分布表现为向短 T_2 方向偏移，表明岩石的孔隙半径逐渐减小。

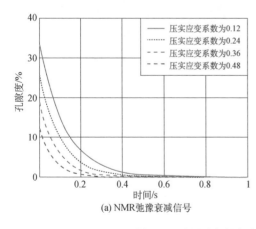 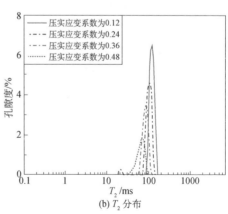

(a) NMR弛豫衰减信号　　　　　　　　　(b) T_2 分布

图 7-5　不同压实程度岩石的 NMR 响应对比

本节介绍了 NMR 弛豫机理和随机行走法模拟孔隙尺度 NMR 响应的原理，并验证了该方法的有效性。由于网格剖分会增大孔隙的表面积，模拟 NMR 响应时需做表面积校正，才能得到准确的结果。研究发现：随着成岩过程的进行，岩石

NMR 弛豫信号衰减速率不断加快，T_2 分布的峰值逐渐向短 T_2 弛豫方向偏移；压实过程的应变越大，NMR 表面弛豫速率增大。基于物理的过程法模拟中，岩石颗粒为不规则的多面体与实际地层岩石相符，孔隙比表面积大时使得 NMR 表面弛豫速率增大。

7.2 实际砂岩孔隙尺度核磁共振响应

本节对高孔高渗的 Berea 砂岩和低孔低渗的致密砂岩样品，分别模拟其孔隙尺度 NMR 响应，分析其特征并与实验测量值进行对比。

7.2.1 Berea 砂岩核磁共振响应

Berea 砂岩的多孔介质模型数据和 NMR 实验测量结果均来自于帝国理工大学（Talabi，2008）。选取其中两块岩样（F42 和 LV60）进行分析，两块岩样均各取了三块子样进行 CT 扫描。图 7-6 为六块子样的多孔介质模型，表 7-1 为 F42 和 LV60 两块岩心的六块子样的参数表。从表中可以看到，两块岩心子样的孔隙度和比表面积都非常接近，说明两块砂岩的均质性非常好。

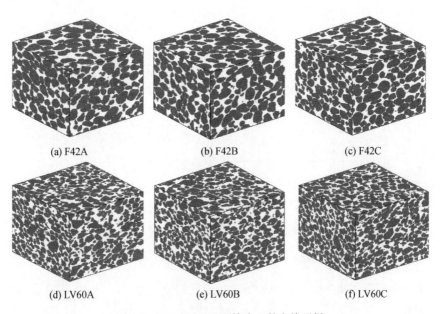

(a) F42A   (b) F42B   (c) F42C

(d) LV60A   (e) LV60B   (f) LV60C

图 7-6　F42 和 LV60 两块岩心的六块子样

取表面弛豫率为 41μm/s，体弛豫为 3.1s，分别模拟六块子样的 NMR 响应并与实验结果对比。图 7-7 和 7-8 分别为 F42 和 LV60 的三块子样模拟的 NMR 响应与实验结果的对比图。从图中可以看到，对于长弛豫时间模拟值与实验结果重合较好，而在短弛豫（$T_2 < 200$ms）的地方两者重合得比较差，这主要是 CT 扫描的分辨率太低使得岩石中的小孔难以识别造成的。三块子样的模拟结果重合较好，也说明岩样的均质性较好。

表 7-1　F42 和 LV60 两块岩心的各三块子样的参数表

样品号	分辨率/μm	像素大小	孔隙度/%	比表面积/(m^2/m^3)
F42A	9.996	300^3	33.0	43770
F42B	10.002	300^3	33.3	44930
F42C	10.002	300^3	33.1	45760
LV60A	10.002	300^3	37.7	57670
LV60B	8.851	300^3	36.8	61090
LV60C	10.002	300^3	37.2	61590

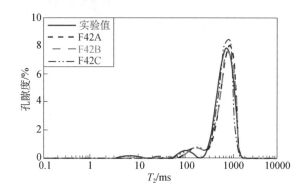

图 7-7　F42 岩样三块子样的 NMR 模拟结果与实验值对比

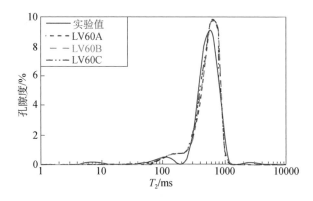

图 7-8　LV60 岩样三块子样的 NMR 模拟结果与实验值对比

7.2.2　致密砂岩核磁共振响应

图 7-9 为一块致密砂岩样品 A，其 NMR 孔隙度为 15.4%，长度为 46.6mm，直径为 25mm，孔隙、胶结物及重矿物呈带状分布，分别取样进行了分辨率为 14.274μm、2.7656μm、1.8783μm 和 1.1528μm 的 CT 扫描。

图 7-9　致密砂岩样品 A

对 CT 扫描图像进行一系列图像处理（滤波、二值化等），就可以得到表征孔隙和固体骨架的二值化图像，将一系列的二值化图像组合在一起就可以得到 3D 的岩石孔隙格架，从而对岩石的物性进行预测。

1. 单块样品核磁共振响应

图 7-10（a）、（b）、（c）分别是分辨率为 1.15μm、2.77μm 和 14.27μm，边长为 600 个像素的孔隙格架子样，孔隙度分别为 5.81%、6.26% 和 3.78%，其中深灰色为固体骨架，灰白色为孔隙。从三块子样看到，CT 扫描得到岩石的孔隙度远小于 NMR 孔隙度，分析认为是由于岩石中还含有较多小于最高分辨率（1.15μm）的孔隙没有被识别。从图中还可以看到，边长像素个数相同时，分辨率越低的子样可识别的孔隙越多，但能识别的微孔越少。

在均匀场条件下，分别对这三块子样模拟其 NMR 响应，并与实验结果对比［图 7-10（d）］，其中扩散系数 $D = 2.5\mu m^2/ms$，表面弛豫率 $\rho = 20\mu m/s$，体弛豫 $T_{2B} = 2.5s$。从对比图中可以发现，T_2 分布模拟结果相对于实验值都偏窄，且随着分辨率降低 T_2 分布最大值增大，最小值也增大。分析认为主要是两方面的原因：①CT 扫描分辨率不够，导致小于分辨率的孔隙不能识别，且这部分的孔隙占的比例大；②取样体积较小，即岩石孔隙的取样范围较小，不能代表整块岩样的孔隙分布。这是目前此项研究存在的一个不足和难点。由于 CT 扫描的分辨率与取样大小成反比，当取样太大时，CT 图像分辨率过低，岩石的微小孔隙识别不了；当增大图像分辨率时，取样的体积又需要非常小，样品的孔隙分布很难反映整块岩石的孔隙分布。

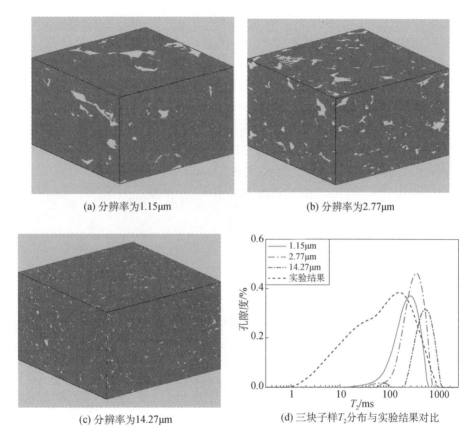

(a) 分辨率为1.15μm　　　　　　　　　　(b) 分辨率为2.77μm

(c) 分辨率为14.27μm　　　　　　(d) 三块子样T_2分布与实验结果对比

图 7-10　不同分辨率的数字岩心及其 T_2 分布特征对比

2. 多样品核磁共振响应整合

为了克服 CT 图像分辨率与取样大小的矛盾关系导致取样的孔隙分布与整块岩石的孔隙分布不一致。因此，本节将尽可能多的高分辨率样品整合在共同模拟 NMR 响应中，使得模拟的 NMR 与实验值相吻合。考虑是否可以将多个子样品进行整合来提高岩石孔隙的取样范围，对于多块子样的 NMR 响应具有如下整合公式：

$$\frac{M(t)}{M(0)} = \exp\left(-\frac{t}{T_{2B}}\right) \cdot M_D(t) \cdot M_S(t)$$

$$= \exp\left(-\frac{t}{T_{2B}}\right) \cdot \frac{\displaystyle\sum_{i=1}^{N}\left(\frac{V_i M_{D,i}(t)}{M_{D,i}(0)}\right)}{\displaystyle\sum_{i=1}^{N} V_i} \cdot \exp\left(-\frac{\rho t \displaystyle\sum_{i=1}^{N} S_i}{\displaystyle\sum_{j=1}^{N} V_j}\right)$$

$$= \exp\left(-\frac{t}{T_{2B}}\right) \cdot \frac{\displaystyle\sum_{i=1}^{N}\left(\frac{V_i M_{D,i}(t)}{M_{D,i}(0)}\right)}{\displaystyle\sum_{i=1}^{N} V_i} \cdot \prod_{i=1}^{N}\exp\left(-\frac{\rho t S_i}{V_i}\right)^{V_i \big/ \sum_{j=1}^{N} V_j} \qquad (7\text{-}10)$$

$$= \exp\left(-\frac{t}{T_{2B}}\right) \cdot \frac{\displaystyle\sum_{i=1}^{N}\left(\frac{V_i M_{D,i}(t)}{M_{D,i}(0)}\right)}{\displaystyle\sum_{i=1}^{N} V_i} \cdot \prod_{i=1}^{N}\left(\frac{M_{S,i}(t)}{M_{S,i}(0)}\right)^{V_i \big/ \sum_{j=1}^{N} V_j}$$

为了分析该方法的可行性，本节选取了一块边长为 1000 个像素的样品，然后切割成 8 块边长为 500 个像素的子样，对 8 块子样进行 NMR 模拟，模拟结果如图 7-11 所示。从整合后的 NMR 衰减曲线与整块样品的 NMR 衰减曲线对比发现，两者结果比较接近，整合后的 NMR 弛豫更快一些［图 7-12（a）］。从 T_2 分布可以看出，整合后的 T_2 分布在短弛豫处出现比较明显的小峰，且最大的 T_2 值相对整块岩样偏小［图 7-12（b）］。这可能是对样品切割后，部分孔隙被切分成两个小孔，造成某些孔隙半径减小，使得表面弛豫率增大。

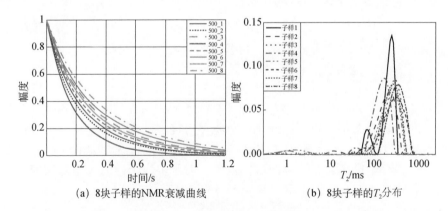

(a) 8块子样的NMR衰减曲线　　　　　(b) 8块子样的T_2分布

图 7-11　子样模拟的 NMR 响应

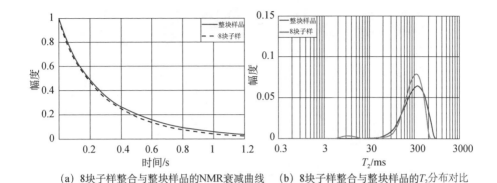

(a) 8块子样整合与整块样品的NMR衰减曲线　　(b) 8块子样整合与整块样品的T_2分布对比

图 7-12　子样整合结果与整块样品的模拟结果对比

从以上结果可以看到，多个子样整合后与整块样品的模拟结果比较一致，但与子样整合的模拟结果还有一些微小的差别，这可能是样品切割造成的子样孔隙度差异引起的。

研究得出，高孔高渗 Berea 砂岩样品模拟的 NMR 响应与实验测量结果比较一致，而致密砂岩样品模拟结果与实验测量结果差别较大。利用 CT 扫描得到的大孔信息，通过模拟 NMR 响应与实验值的对比可得到岩石的近似表面弛豫率。

孔隙尺度 NMR 数值模拟可以成功展现其 NMR 微观响应，并进一步预测其孔隙度、渗透率等性质，对页岩气、致密砂岩等复杂孔隙结构介质的研究具有重要的理论研究意义和应用价值。但是，这项研究的应用潜力还需要进一步开展与挖掘。

7.3　数字岩心流体模型构建与核磁共振微观响应

7.3.1　数字岩心流体模型构建

利用过程法构建三维数字岩心，通常只是将数字岩心分为岩石骨架和孔隙间两个部分，但是实际岩石中，孔隙空间内的流体有油、气和水，且互不相溶，所以开展含多相流体岩石的核磁共振微观响应是很有必要的。因此，需要模拟岩石孔隙空间内的流体分布。

通常，利用数学形态学方法来模拟岩石中流体的分布。在成岩过程法重构的数字岩心中，通常用 0 表示岩石骨架，1 表示岩石的孔隙空间，通过将三维数字岩心转化为二维的灰度图像，并对绘图图像进行数学形态学的运算，来达到模拟孔隙流体分布的目的。图 7-13 为对重构数字岩心灰度图像分别进行腐蚀运算、膨胀运算和开运算后的效果图。

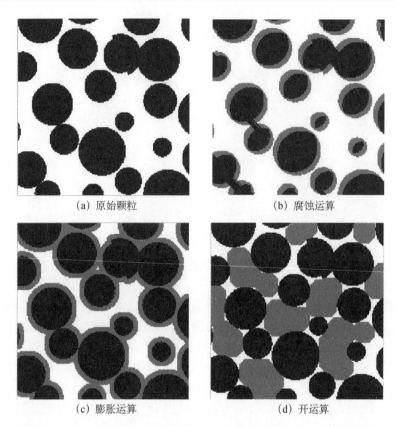

(a) 原始颗粒　　　　　　　　　　　　(b) 腐蚀运算

(c) 膨胀运算　　　　　　　　　　　　(d) 开运算

图 7-13　重构数字岩心二维图像腐蚀运算、膨胀运算和开运算示意图

　　图 7-13（a）为随机分布的小球二维切面图像，图中黑色圆球表示沉积小球颗粒，白色表示小球颗粒以外的孔隙空间，利用数学形态学对不同的图像部分进行处理可达到预期结果。图 7-13（b）～（d）是对原始图像分别进行腐蚀运算、膨胀运算和开运算的结果，图中灰色的区域表示经过不同数学形态学方法处理后的结果。从图中可以看到，腐蚀运算会使小球颗粒半径变小，使得孔隙变大，孔隙度增加；膨胀运算会使得小球颗粒表面膨胀，使小球颗粒变大，孔隙变小，孔隙度减少；不同的图像运算可以得到不同的效果，而开运算在数学形态学上来讲，就是先腐蚀后膨胀的结果。

　　由开运算的定义可知，开运算的运算范围为孔隙空间中的孔隙半径大于结构元素半径的所有孔隙，不同的结构元素半径就会对不同的孔隙空间进行处理。当结构元素半径由大变小时，孔隙空间中比较小的孔隙也可以进行开运算，从而达到实现不同含油饱和度的油水分布过程。同时，数学形态学的开运算过程与岩心实验过程中非润湿相流体对润湿相流体驱替过程很相似。在原始储层中，整个孔隙空间内充满着润湿相流体，在驱替压力下，非润湿相流体在压力作用下进入孔隙，根据驱替压力的不同，非润湿相流体将占据不同孔隙半径的孔隙空间，其驱替压力增大的过程刚好与开运算结构元素半径减小的过程一致。因此可以使用开运算的方法模拟数字岩石孔隙空间内水润湿或油润湿的油水分布过程，如图 7-14 所示，图（a）～（d）分别是不同结构元素半径模拟油水分布的结果，图中黑色为岩石骨架，灰色为水（非润湿相），白色为油（润湿相）。

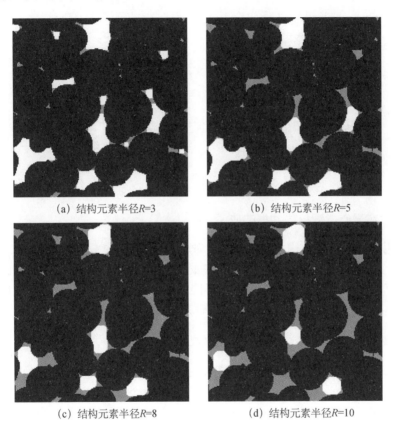

(a) 结构元素半径R=3　　　　　　　　　(b) 结构元素半径R=5

(c) 结构元素半径R=8　　　　　　　　　(d) 结构元素半径R=10

图 7-14　开运算模拟重构数字岩心的油水分布

　　通过运用数学形态学开运算的方法，可对数字岩心进行油水分布运算。图 7-15 为数字岩心含水饱和度分别为 11%、23%、55% 和 72% 的三维立体图像，其中绿色部分代表岩石骨架，红色部分代表孔隙中的水，蓝色部分为孔隙中的油。

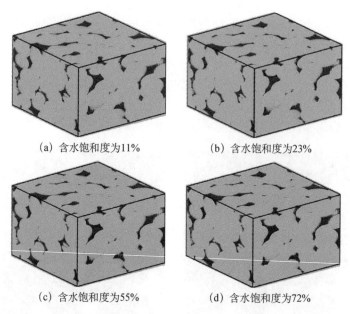

(a) 含水饱和度为11%　　　　　　　(b) 含水饱和度为23%

(c) 含水饱和度为55%　　　　　　　(d) 含水饱和度为72%

图 7-15　不同含水饱和度的数字岩心

7.3.2　数字岩心微观核磁共振响应

利用成岩过程法重构不同状态的 4 颗岩心，其孔隙度分别为 4.7%、7.6%、11% 和 16%。利用随机游走方法对其进行核磁共振数值模拟，通过改变回波间隔、磁场梯度和扩散系数等参数，可以得到不同参数下的自旋回波数据，反演后可得到一维的 T_2 分布和二维 T_2-D 的分布，并研究其微观响应特征。

1. 不同分辨率数字岩心核磁共振微观响应

选择孔隙度为 11% 的一颗岩心开展不同分辨率数字岩心的核磁共振数值模拟研究。假设数字岩石的孔隙中全部填充水，每个像素点对应的分辨率分别为 0.2μm、2μm、20μm 和 200μm，并对 4 种分辨率分别进行回波间隔为 0.3ms、0.6ms、1.2ms、2.4ms、4.8ms 和 9.6ms 的核磁共振数值模拟研究，通过多回波串反演，得到 4 个不同分辨率岩心的 T_2-D 分布，如图 7-16 所示。从图中可以看出，随着分辨率的提高，水信号开始偏离，并且偏离水的自由扩散系数线的程度越来越大。

由 T_2 分布可以看出，随着分辨率的提高，其 T_2 分布也向短弛豫时间偏移，偏移方向与孔隙尺寸减小方向一致，其原因为：随着数字岩心分辨率的提高，重构数字岩心的孔隙尺寸开始变小，当游走质子在小孔隙中运动时，与岩石表面接触的概率越来越大，受限扩散现象也越来越明显，从 T_2-D 图上可见流体信号偏离自由扩散系数线越来越远。从不同分辨率的重构数字岩心 $T_2\text{-}D$ 图可以看出，当分辨率为 2μm 时，数模拟结果噪声小，信号最聚焦，受限扩散现象最明显。

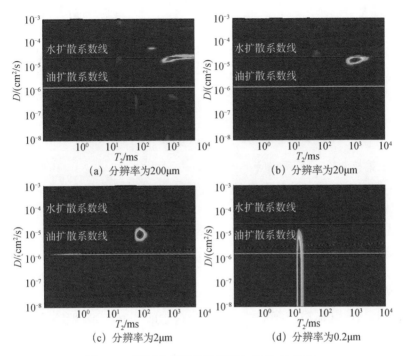

(a) 分辨率为200μm　　　　　　　　(b) 分辨率为20μm

(c) 分辨率为2μm　　　　　　　　(d) 分辨率为0.2μm

图 7-16　不同分辨率的数字岩心的 $T_2\text{-}D$ 分布

2. 单相流体数字岩心核磁共振微观响应

1）一维核磁共振微观响应

为了研究一维核磁共振微观响应特征与规律，对不同压实系数的 4 颗数字岩心进行核磁共振数值模拟研究。假设数字岩心为水润湿，孔隙流体为水，磁场的梯度为 0.3T/m，表面弛豫率为 30μm/s，体弛豫时间为 3s，扩散系数为 $2.5 \times 10^{-9} \mathrm{m^2/ms}$，回波间隔 $T_E = 0.6\mathrm{ms}$。利用随机游走方法模拟其核磁共振响应，其回波信号衰减曲线及反演得到的 T_2 分布如图 7-17 所示。从图中可以看出，随着岩石孔隙度的减小即岩石颗粒压实程度的增大，其核磁共振回波信号衰减得越来越快，其 T_2 分布向短弛豫时间偏移，同时 T_2 分布的幅度也有明显降低。这是因为表面随着压实程度的加深，孔隙半径也越来越小，岩石孔隙度越来越小，这与三维数字岩心图像结果相对应，也验证了随机游走程序的正确性。

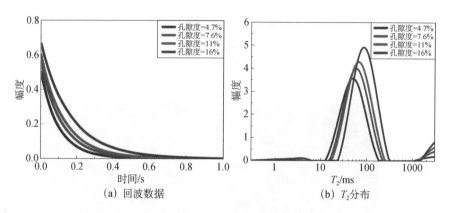

图 7-17　一维核磁共振孔隙尺度数值模拟与微观响应

2）二维核磁共振微观响应

为了探究岩石的二维核磁共振响应特征，对 4 块数字岩心进行不同多回波间隔的核磁共振数值模拟研究。

首先，假设 4 块重构数字岩心为水润湿。岩石孔隙中饱含水，设磁场的梯度为 0.3T/m，水的表面弛豫率为 30μm/s，体弛豫为 3s，扩散系数为 $2.5 \times 10^{-9} m^2/ms$，分别采用回波间隔 0.3ms、0.6ms、1.2ms、2.4ms、4.8ms 和 9.6ms 对不同孔隙度的重构数字岩心开展核磁共振数值模拟并对模拟的回波串进行反演，分析其核磁共振微观响应。其反演后得到的 T_2-D 分布如图 7-18 所示。可以看出，当孔隙内饱含水时，水信号偏离水的自由扩散系数线，这是由于水在岩石的孔隙空间中受限扩散的影响导致的，但是相比于不同孔隙度的数字岩心，其视扩散系数的偏移程度变化不大。

然后，研究油在孔隙空间中的核磁共振响应特征。假设 4 块重构数字岩心为油润湿，孔隙空间中完全饱和油，磁场的梯度为 0.3T/m，油的表面弛豫率为 10μm/s，体弛豫为 0.2s，扩散系数为 $1.5 \times 10^{-10} m^2/ms$，分别采用回波间隔 0.3ms、0.6ms、1.2ms、2.4ms、4.8ms 和 9.6ms 模拟其饱含油时的核磁共振响应特征，其 T_2-D 分布如图 7-19 所示，从 T_2-D 分布可以得到，油的信号同样偏离油的自由扩散系数线，这说明油在孔隙空间中发生了受限扩散现象，但是在不同孔隙度岩心中油的视扩散系数的偏移程度差异不明显。

从图 7-17 和图 7-18 对比可以看出，与油相比，水的视扩散系数偏离其自由扩散系数线的程度更大，这说明在相同的孔隙空间中，水的受限扩散影响要比油的受限扩散影响大。

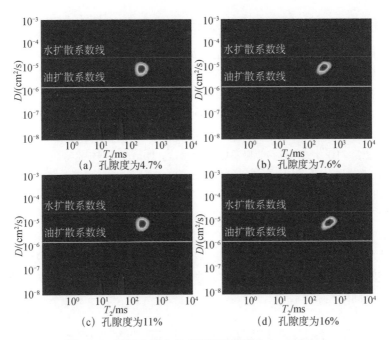

图 7-18　不同孔隙度的水润湿数字岩心 T_2-D 分布

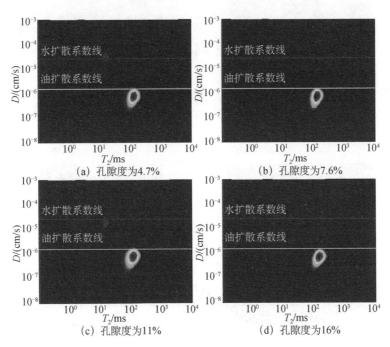

图 7-19　不同孔隙度的油润湿数字岩心 T_2-D 分布

7.3.3　两相流体数字岩心核磁共振微观响应

在实际油气储层中，岩石孔隙空间通常饱含两种以上流体，利用上文介绍的数学形态学的方法——开运算可以构建不同含水饱和度的数字岩心，通过孔隙尺度的数值模拟，可以探究核磁共振微观响应特征。

首先，研究不同含水饱和度数字岩心的核磁共振响应。假设重构的数字岩心为水润湿，磁场梯度为 0.3T/m，水的表面弛豫率为 30μm/s，体弛豫时间为 3s，扩散系数为 $2.5 \times 10^{-9} m^2/ms$；油的表面弛豫率为 10μm/s，体弛豫为 0.2s，扩散系数为 $0.1 \times 10^{-9} m^2/ms$。回波间隔选定为 0.3ms、0.6ms、1.2ms、2.4ms、4.8ms、9.6ms，选取孔隙度为 16% 的数字岩心进行核磁共振数值模拟，其 T_2-D 分布如图 7-20 所示。可以看出，随着含水饱和度的减少，水的信号向扩散系数减小的方向偏移，其视扩散系数越来越偏离水的自由扩散系数线，这是由于随着含水饱和度的减小，水占据孔隙空间的表面积与体积比变大，水的受限扩散越显著导致的。而且，随着含水饱和度的降低，其 T_2 分布向短弛豫方向偏移（图 7-21），D 分布向扩散系数减小的方向略有偏移。

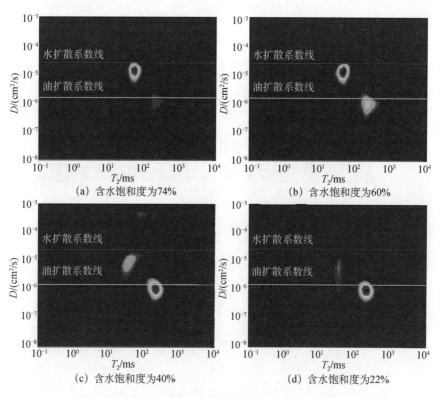

图 7-20　不同含水饱和度水润湿数字岩心的 T_2-D 分布

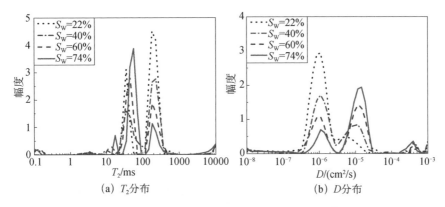

(a) T_2分布　　　　　　(b) D分布

图 7-21　不同含水饱和度水润湿数字岩心的 T_2 分布和 D 分布

设重构数字岩心为油润湿，在相同的参数下模拟不同含油饱和度情况下油的核磁共振微观响应特征，其 T_2-D 图谱如图 7-22 所示。可以看出，随着含油饱和度的减少，T_2 分布也向短弛豫方向偏移，油的信号向扩散系数减小的方向移动，随着含油饱和度的减小其视扩散系数偏移油的自由扩散系数线增多，这是由于随着含油饱和度的减小，油占据孔隙空间的表面积与体积比增大，油的受限扩散影响大造成的。

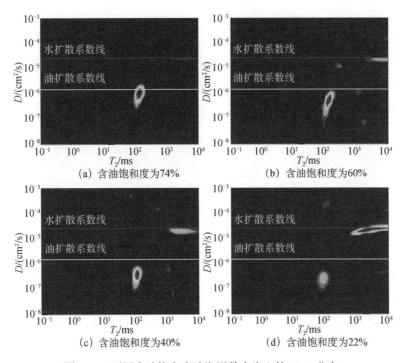

(a) 含油饱和度为74%　　　　　　(b) 含油饱和度为60%

(c) 含油饱和度为40%　　　　　　(d) 含油饱和度为22%

图 7-22　不同含油饱和度油润湿数字岩心的 T_2-D 分布

可以看出，孔隙空间内的润湿相流体会发生受限扩散现象，其受限扩散的程度与润湿相流体的饱和度有关，润湿相流体饱和度越小，其受限扩散越明显。

7.4　实际页岩孔隙尺度核磁共振数值模拟与微观响应

7.4.1　页岩数字岩心构建与特征

建立页岩三维数字岩心是进行页岩核磁共振数值模拟的第一步，主要步骤包括：页岩岩心 CT 扫描、CT 图像二值化、孔隙网络模型的提取和三维数字岩心的生成。

采用的页岩样本是来自四川盆地龙马溪组的黑色页岩岩心，在中国科学院高能物理研究所北京同步辐射装置 4W1A-X 射线成像实验站进行了 CT 扫描，完成纳米分辨三维成像实验，其空间分辨率最高可达 30nm，其实验装置如图 7-23 所示。X 射线纳米分辨三维成像实验可以提供高分辨模式和大视场模式两种：高分辨模式成像视场大小为 15μm×15μm，可达到的分辨率为 50nm（标准样品），大视场模式成像视场大小为 60μm×60μm。因为页岩岩样比较致密，对于 X 射线的吸收较强，所以采用高分辨模式进行 CT 图像扫描（王琨，2017）。

图 7-23　北京同步辐射装置 4W1A-X 射线成像实验站纳米 CT 扫描

然后对 CT 图像进行滤波处理。使用 X 射线 CT 扫描页岩后，由于 X 射线重构软件和灰度图像分辨率的影响，三维页岩扫描切片图像会含有一定的噪声，因此需要对图像进行滤波处理。研究中采用二维中值滤波算法对页岩岩心灰度图像进行滤波处理。

岩石 CT 图像的矿物组分分割是生成三维数字岩心非常重要的一步，CT 图像中不同的灰度值代表着岩石不同矿物成分和孔隙中不同的流体，其中颜色比较亮

的代表岩石骨架，其灰度值较大，颜色比较暗的代表岩石孔隙空间，其灰度值较
小。对于页岩来说，如果岩石组分密度较高，图像上显示为高亮度，其灰度值高，
如黄铁矿；如果岩石组分密度较低，灰度图像上显示为低亮度，其灰度值低，如
孔隙内的流体；介于两者之间的组分，灰度图像上表现为灰白色，如脆性矿物和
黏土矿物。通常情况下，对 CT 图像进行阈值分割划分岩石骨架和孔隙。通过 X
射线 CT 扫描和数字岩心重构，得到了 3 块页岩数字岩心的三维立体图像，如图
7-24 所示，其中页岩岩心的孔隙度、组分构成如表 7-2 所示。

表 7-2　数字岩心不同颜色代表的矿物组分含量

岩心编号	骨架/%	孔隙/%	黄铁矿/%	石英/%
1 号	89.2	5.9	0.0	4.9
2 号	90.5	4.3	0.6	4.6
3 号	92.2	2.4	0.3	5.1

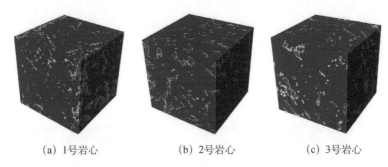

(a) 1号岩心　　　　　(b) 2号岩心　　　　　(c) 3号岩心

图 7-24　页岩三维数字岩心

7.4.2　核磁共振数值模拟与微观响应

1. 一维核磁共振数值模拟与微观响应

为了研究页岩的微观核磁共振响应，对 1 号页岩数字岩心进行孔隙尺度数值
模拟。假设孔隙空间中填充油，磁场梯度为 0.3T/m，油的表面弛豫率为 10μm/s，
体弛豫时间为 0.2s，扩散系数为 $1.5 \times 10^{-10} \mathrm{m}^2/\mathrm{ms}$，分别采用回波间隔 0.2ms、0.3ms、
0.6ms、0.9ms 模拟了 3 块页岩的核磁共振响应，其中 1 号样品不同回波间隔的孔
隙尺度数值模拟的 T_2 分布特征如图 7-25（a）所示。可以看出，随着回波间隔减
小，T_2 分布前移并且幅度增大，说明回波间隔小时可以探测到更小的孔隙，使核
磁孔隙度增大。图 7-25（b）页岩柱塞岩心不同回波的核磁共振实验结果表明，回
波间隔小时 T_2 分布前移，可以探测到更小的孔隙，而且核磁孔隙度增大。这说明
孔隙尺度和岩心尺度的核磁共振响应特征是一样的，揭示的回波间隔对核磁共振
探测的影响规律也是一样的。

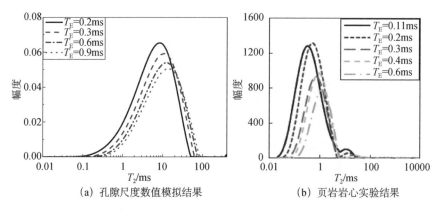

(a) 孔隙尺度数值模拟结果 (b) 页岩岩心实验结果

图 7-25 不同回波间隔孔隙尺度 T_2 分布特征与页岩岩心实验结果对比

2. 二维核磁共振数值模拟与微观响应

对 3 块页岩数字岩心开展二维核磁共振数值模拟,采用的是奇异值分解反演,其 T_2-D 图谱如 7-26 所示。可以看出,油的信号发生了明显的受限扩散现象,随着孔隙度的降低,受限扩散更加明显。而且,与微米分辨率的重构数字岩心相比,由于页岩孔隙尺寸更小,油分子在页岩孔隙中随机运动时受到岩石表面的限制更大,导致其视扩散系数减小。

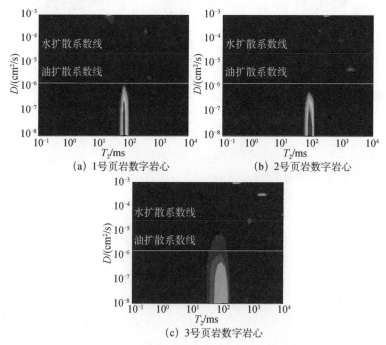

(a) 1号页岩数字岩心 (b) 2号页岩数字岩心

(c) 3号页岩数字岩心

图 7-26 3 块页岩数字岩心的 T_2-D 分布

　　经对比，针对数字岩心核磁共振微观数值模拟得到的孔隙度与数字岩心阈值分割结果得到的孔隙度一致性好，说明数值模拟算法是正确的。

　　通过对页岩岩心进行 X 射线 CT 扫描，经过中值滤波、阈值选取可将页岩 CT 数据转化为三维数字岩心。由于页岩数字岩心分辨率高，识别出的孔隙尺寸小，数值模拟显示孔隙中流体受限扩散现象明显，而且随着孔隙度的降低，其视扩散系数向扩散系数减小的方向移动。

参 考 文 献

毕林锐. 2007. 核磁共振测井技术的最新若干进展. 工程地球物理学报, 4(4): 369-374

楚泽涵, 黄隆基, 高杰, 等. 2008. 地球物理测井方法与原理. 北京: 石油工业出版社

邓克俊. 2010. 核磁共振测井理论及应用. 东营: 中国石油大学出版社

顾兆斌, 刘卫. 2007. 核磁共振二维谱反演. 波谱学杂志, 24(3): 311-319

顾兆斌, 刘卫, 孙佃庆, 等. 2009. 2D NMR 技术在石油测井中的应用. 波谱学杂志, (4): 560-568

郭书生, 李国军, 张文博, 等. 2012. MRX 二维核磁共振在南海西部低电阻率低渗透率气层评价中的应用. 测井技术, 36(2): 207-210

何雨丹, 毛志强, 肖立志, 等. 2005. 利用核磁共振 T_2 分布构造毛管压力曲线的新方法. 吉林大学学报（地球科学版）, 35(2): 177-181

贺承组, 华明琪. 1998. 储层孔隙结构的分形几何描述. 石油与天然气地质, 19(1): 15-23

贺绍英. 1994. 岩石磁化率各向异性的频散现象. 地球物理学报, 37(1): 124-126

胡法龙, 肖立志. 2008. 核磁共振测井仪静磁场分布的数值模拟地球物理学进展, 23(1): 173-177

胡琳, 朱炎铭, 陈尚斌, 等. 2013. 蜀南双河龙马溪组页岩孔隙结构的分形特征. 新疆石油地质, 34(1): 79-82

郎元强, 胡大干, 刘畅, 等. 2011. 南海北部陆区岩石磁化率的矿物学研究. 地球物理学报, 54(2): 573-587

李军, 刘荣和, 彭小东, 等. 2013. 利用压汞曲线求取页岩相渗曲线的分形维方法研究. 科学技术与工程, 13(8): 2193-2197

李宁, 潘保芝. 2010. 岩心核磁 T_2 分布与毛管压力曲线转换的研究. 勘探地球物理进展, 33(1): 11-16

李鹏举, 葛成, 孙国平, 等. 2010. 基于奇异值分解的核磁共振测井 T_2 分布反演方法的改进. 测井技术, 34(3): 215-218

李鹏举, 张智鹏, 姜大鹏. 2011. 核磁共振测井流体识别方法综述. 测井技术, 35(5): 396-401

李鹏举, 魏佳音, 刘焕焕. 2012. 核磁共振 T_2 分布反演影响因素研究. 核电子学与探测技术, 32(6): 701-705

李忠新. 2010. MREx 核磁测井数据处理方法研究. 中国石油大学硕士学位论文

廖广志, 肖立志, 谢然红, 等. 2009. 内部磁场梯度对火成岩核磁共振特性的影响及其探测方法. 中国石油大学学报（自然科学版）, 33(5): 55-60

林峰，王祝文，李静叶，等. 2011. 低信噪比核磁共振 T_2 分布反演算法研究. 应用地球物理，8(3)：
　　233-238

刘青松，邓成龙. 2009. 磁化率及其环境意义. 地球物理学报，52(4)：1041-1048

刘学锋. 2010. 基于数字岩心的岩石声电特性围观数值模拟研究. 北京：中国石油大学博士学位
　　论文

刘志鹏，赵伟，陈小宏，等. 2012. 局部频率域 SVD 压制随机噪声方法. 石油地球物理勘探，
　　47(2)：202-206

卢文东，肖立志，李伟，等. 2007. 内部磁场梯度引起的扩散对 NMR 岩石测量响应的影响. 地
　　球物理学进展，22(2)：556-561

邵维志. 2003. 核磁共振测井移谱差谱法影响因素实验分析. 测井技术，27(6)：502-507

司马立强，赵辉，戴诗华. 2012. 核磁共振测井在火成岩地层应用的适应性分析. 地球物理学
　　进展，27(1)：145-152

石玉江，刘天定. 2009. 二维核磁共振测井技术在长庆油田的应用. 测井技术，33(6)：584-588

宋公仆，范伟，张嘉伟，等. 2013. 核磁共振测井受激回波校正方法研究. 波谱学杂志，30(1)：
　　103-112

孙建国. 2006. 岩石物理学基础. 北京：地质出版社

孙军昌，郭和坤，刘卫，等. 2010. 低渗火成岩气藏可动流体截止值实验研究. 西南石油大学学
　　报（自然科学版），32(4)：109-114

孙军昌，郭和坤，杨正明，等. 2011. 不同岩性火山岩气藏岩芯核磁孔隙度实验研究. 西南石油
　　大学学报，33(5): 27-34

谭茂金，赵文杰. 2006. 用核磁共振测井资料评价碳酸盐岩等复杂岩性储集层. 地球物理学进
　　展，21(2)：489-493

谭茂金，邹友龙. 2012.（T_2, D）二维核磁共振测井混合反演方法与参数影响分析. 地球物理学
　　报，55(2)：683-692

谭茂金，赵文杰，范宜仁. 2006. 用核磁测井双 TW 观测数据识别储层流体性质. 天然气工业，
　　26(4)：38-40

谭茂金，石耀霖，赵文杰，等. 2008. 核磁共振双 TW 测井数据联合反演与流体识别. 地球物理
　　学报，51(5)：1582-1590

谭茂金，邹友龙，刘兵开，等. 2011. 气水模型（T_2, D）二维核磁共振测井数值模拟及参数影
　　响分析. 测井技术，35(2)：130-136

陶果，岳文正，谢然红，等. 2005. 岩石物理的理论模拟和数值实验新方法. 地球物理学进展，
　　20(1)：4-11

王家映. 2002. 地球物理反演理论. 北京：高等教育出版社

王鹏. 2015. 多维核磁共振测井理论与解释方法研究. 中国地质大学（北京）硕士学位论文

王鹏，谭茂金. 2014. 提高低信噪比核磁共振测井弛豫信息真实性的回波处理方法. 测井技术，
　　38(2)：77-80

王琨. 2017. 页岩多维核磁共振探测及微观响应研究. 中国地质大学（北京）硕士学位论文

王瑞飞，陈明强. 2008. 特低渗透砂岩储层可动流体赋存特征及影响因素. 石油学报，29(4)：
　　558-561

王为民，叶朝辉，郭和坤. 2001. 陆相储层岩石核磁共振物理特征的实验研究. 波谱学杂志，
　　18(2)：113-121

王筱文，肖立志，谢然红，等. 2006. 中国陆相地层核磁共振孔隙度研究. 中国科学 G 辑：物理
　　学力学天文学，36(4)：366-374

王忠东，王东. 2003. 顺磁离子对核磁共振弛豫响应的影响及其应用的实验研究. 测井技术，
　　27(4)：270-273

王忠东，汪浩，向天德. 2001. 综合利用核磁谱差分与谱位移测井提高油层解释精度. 测井技术，
　　25(5)：365-368

翁爱华，李舟波，王雪秋，等. 2003a. 油水双相饱和孔隙模型核磁特征理论研究. 地球物理学
　　报，46(4)：553-560

翁爱华，李舟波，莫修文，等. 2003b. 低信噪比核磁共振测井资料的处理技术. 吉林大学学报
　　（地球科学版），33(2)：232-235

翁爱华，李舟波，王雪秋. 2004．层状导电介质中地面核磁共振响应特征理论研究. 地球物理
　　学报，47(1)：156-163

肖立志. 1998. 核磁共振成像测井与岩石核磁共振及其应用. 北京：科学出版社

肖立志. 2007. 我国核磁共振测井应用中的若干重要问题. 测井技术，31(5)：401-407

肖立志，谢然红，廖广志. 2012. 中国复杂油气藏核磁共振测井理论与方法. 北京：科学出版社

谢庆明，肖立志，廖广志. 2010. SURE 算法在核磁共振信号去噪中的实现. 地球物理学报，
　　53(11)：2776-2783

谢然红，肖立志. 2009. 核磁共振测井探测岩石内部磁场梯度的方法. 地球物理学报，52(5)：
　　1341-134

谢然红，肖立志，邓克俊，等. 2005. 多维核磁共振测井. 测井技术，29(5)：30-34

谢然红，肖立志，邓克俊. 2006．核磁共振测井孔隙度观测模式与处理方法研究. 地球物理学
　　报，49(5)：1567-1571

谢然红，肖立志，刘天定. 2007. 原油的核磁共振弛豫特性.西南石油大学学报，29(5)：21-24

谢然红，肖立志，王忠东，等. 2008. 复杂流体储层核磁共振测井孔隙度影响因素. 中国科学 D
　　辑：地球科学，38（增刊）：191-196

谢然红，肖立志，刘家军，等. 2009a. 核磁共振多回波串联合反演方法. 地球物理学报，(11)：
　　2913-2919

谢然红，肖立志，陆大卫. 2009b. 识别储层流体的（T_2，T_1）二维核磁共振方法. 测井技术，33(1)：26-31

徐海军，金振民，欧新功. 2006. 中国大陆科学钻探主孔 100—2000m 岩心的磁化率各向异性及其地质意义. 岩石学报，22(7)：2081-2088

运华云，谭茂金. 2006. 核磁共振测井双等待时间观测方式及分析方法. 油气地质与采收率，13(4)：96-98

张嘉伟，薛志波，宋公仆，等. 2011. 核磁共振测井信号调理与回波提取技术研究. 中国测试，37(3)：49-52

赵文杰，谭茂金. 2007. 核磁共振测井技术在胜利油田的应用回顾与展望. 地球物理学进展，31(5)：401-407

邹友龙. 2013. 沉积岩重构及其孔隙尺度 NMR 响应模拟. 中国石油大学（北京）博士学位论文

Abdallah W, Buckley J S, Carnegie A, et al. 1986. Fundamentals of wettability. Technology, 38：1125-1144

Agut R, Levallois B, Klopf W. 2000. Integrating core measurements and NMR logs in complex lithology. SPE63211

Aharon M, Elad M, Bruckstein A. 2006. SVD：An algorithm for designing overcomplete dictionaries for sparse representation. Signal Processing, IEEE Transactions on, 54(11)：4311-4322

Ahmed O A W. 2007. Method for removing noise from nuclear magnetic resonance signals and images. U.S. Patent, 7：253-627

Akkurt R, Vingar HJP, Tutunjian N, et al. 1996. NMR logging of natural gas reservoirs. Log Analyst, 7：33-42

Allen D, Flaum C, Ramakrishnan T S, et al. 2000. Trends in NMR logging. Oilfield Review, 12(3)：2-19

Altunbay M, Martain R, Robinson M. 2001. Capillary Pressure Data from NMR Logs and Its Implication on Economics. SPE 71703

Ambrose R J, Hartman R C, Diaz C M. 2011. New pore-scale considerations for shale gas in place calculations. SPE 131772：1-12

Appel M, FreemanJ J, PerkinsR B, et al. 1999. Restricted diffusion and internal field gradients. FF in 40th SPWLA Annual Symposium

Arns C H, Sheppard A P, Sok R M, et al. 2005. NMR petrophysical predictions on digitized core materials. Paper MMM, SPWLA 46th Annual Logging Symposium. New Orleans：Lousisiana, USA

Arvie D M, Hill R J, Pollastro R M. 2005. Assessment of the gas potential and yields from shales：The Barnett Shale model. Oklahoma Geological Survey Circular, 110：9-10

Bendel P.1990. Spin-echo attenuation by diffusion in nonuniform field gradients. Journal of Magnetic Resonance, 86(3)：509–515

Bergman D J, Dunn K J, Latorraca G A. 1995. Magnetic susceptibility contrast and fiexd field gradient effects on the spin-echo amplitude in a periodic porous medium with diffusion. Bulletin of the American Physical Society, 40(1)：695–699

Bobroff S, Guillot G. 1996. Susceptibility contrast and transverse relaxation in porous media：simulations and experiments. Magnetic Resonance Imaging, 14：718–728

Borradaile G J, Jackson M. 2004. Anisotropy of magnetic susceptibility（AMS）：Magnetic petrofabrics of deformed rocks. Geological Society, 238：299–360

Brown R J S. 2001. The Earth's-field NML development at Chevron. Concepts in Magnetic Resonance, 13(6)：344–366

Brownstein K R, Tarr C E. 1979. Importance of classical diffusion in NMR studies of water in biological cells. Physical Review A, 19(6)：2446–2453

Butler J P, Reeds J A, Dawson S V. 1981. Estimating solutions of first kind integral equations with nonnegative constraints and optimal smoothing. SIAM Journal on Numerical Analysis, 18(3)：381–397

Cao M M, Crary S, Zielinski L, et al. 2012. 2D-NMR application in unconventional reservoirs. SPE Unconventional Conference（SPE 161578）：1–17

Chandler R. 2001. Proton free precession（Earth's-field）logging at Schlumberger（1956–1988）. Concepts in Magnetic Resonance, 13(6)：366–367

Chen J, Hirasaki G J, Flaum M. 2006. NMR wettability indices：Effect of OBM on wettability and NMR responses. Journal of Petroleum Science and Engineering, 52(1)：161–171

Chen S, Arro R, Minetto C, et al. 1998. Methods for Computing Swi and BVI from NMR logs, Transactions of 39th SPWLA Annual Symposium, Keystone, CO, May 26–29, 1998

Clerke E A, Mueller H W III, Phillips E C, et al. 2008. Application of thomeer hyperbolas to decode the pore systems, Facies and Reservoir Properties of the Upper Jurassic Arab D Limestone Ghawar Field, Saudi Arabia：A "Rosetta Stone" Approach. GeoArabia, 13(4)：113–160

Coates G R, Xiao L Z, Prammer M G. 1999. NMR Logging Principle & Applications. Houston：Gulf Publishing Company

Curtis J B. 2012. Fractured shale-gas systems. AAPG Bulletin, 11：1921–1938

Curtis M E, Sondergeld C H, Ambrose R J, et al. 2012. Microstructural investigation of gas shales in two and three dimensions using nanometer-scale resolution imaging. AAPG Bulletin, 96(4)：665–677

Decker A D, Hill D G, Wicks D E. 1990. Log-based gas content and resource estimates for the

Antrim shale, Michigan Basin. Low Permeability Reservoirs Symposium, Denver, Colorado, April 26-28, 1990

DePavia L, Heaton N, Ayers D, et al. 2003. A next-generation wireline NMR logging tool//SPE Annual Technical Conference and Exhibition. Society of Petroleum Engineers

Dunn K J, LaTorraca G A. 1999. The inversion of NMR log data sets with different measurement errors. Journal of Magnetic Resonance, 140(1): 153-161

Dunn K J, LaTorraca G A, WarnerJ L, et al.1994. On the calculation and interpretation of NMR relaxation time distributions. SPE 28367: Society of Petroleum Engineers

Dunn K J, Appel M, Freeman J J, et al. 2001.Interpretation of restricted diffusion and internal field gradients in rock data. SPWLA 42nd Annual Logging Symposium, June 17-20, 2001

Dunn K J, Bergman D J, LaTorraca G A. 2002. Nuclear Magnetic Resonance Petrophysical and logging Applications. Pergamon: Oxford Elsevier Science Ltd

Emmanuel Toumelin, Torres-Verdín C, SunB Q, et al. 2007. Random-walk technique for simulating NMR measurements and 2D NMR maps of porous media with relaxing and permeable boundaries. Journal of Magnetic Resonance, 188: 83-96

Flaum M, Chen J, Hirasaki G J, 2004. NMR diffusion editing for D-T2 Maps: application to recognition of wettability change.SPWLA 45th Annual Logging Symposium, June 9, 2004

Fordham E J, Sezginer A, Hall L D. 1995. Imaging multiexponential relaxation in the log, T_1 plane, with application to clay filtration in rock cores. Journal of Magnetic Resonance, series A, 113(2): 139-143

Freedman R. 2006. New approach for solving inverse problems encountered in well-logging and geophysical applications. Petrophysics, 47: 93-111

Freedman R, Heaton N. 2004. Fluid characterization using nuclear magnetic resonance logging. Petrophysics-Houston, 45(3): 241-250

Freedman R, Boyd A, Gubelin G, et al. 1997. Measurement of total NMR porosity adds new value to NMR logging. Transactions of the SPWLA 38th Annual Logging Symposium, Houston, Texas, June, 15-18, 1997

Freedman R, Lo S, Flaum M, et al. 2001. A new NMR method of fluid characterization in reservoir rocks: experimental confirmation and simulation results. SPE Journal, 6(4): 452-464

Freedman R, Heaton N, Flaum M, et al. 2003. Wettability saturation and viscosity from nmr measurements. SPE Journal, 8(4): 317-327

Glasel J A, Lee K H. 1974. On the interpretation of waternuclear magnetic resonance relaxation times in heterogeneous systems. Journal of the American Chetnical Society, 96(4): 970-978

Glorioso J C, Rattia A. 2012. Unconventional reservoirs: basic petrophysical concepts for shale gas.

SPE/EAGE European Unconventional Resources Conference & Exhibition-From Potential to Production（SPE 153004）：1-38

Grunewald E, Knight R. 2009. A laboratory study of NMR relaxation times and pore coupling in heterogeneous media. Geophysics, 74(6)：E215-E221

Guidry F K, Luffel D L, Olszewski A J. 1996. Devonian shale formation evaluation model based on logs, new core analysis methods, and production tests. SPE Reprint Series：101-120

Guru U, Heaton N, Bachman H N, et al. 2008. Low-Resistivity Pay Evaluation using Multidimensional and High-Resolution Magnetic Resonance Profiling. Petrophysics, 49(4)：342-350

Handwerger D A, Suarez-Rivera R, Vaughn K I, et al. 2011. Improved petrophysical core measurements on tight shale reservoirs using retort and crushed samples. SPE Annual Technical Conference and Exhibition（SPE 147456）, 6：4552-4563

Hansen P C. 1990. The discrete Picard condition for discrete ill-posed problems. BIT Numerical Mathematics, 30(4)：658-672

Heaton N J, Minh C C, Kovats J, et al. 2004. Saturation and viscosity from multidimensional nuclear magnetic resonance logging//SPE Annual Technical Conference and Exhibition.Society of Petroleum Engineers

Herron S L, Tendre L. 1990.　Wireline source rock evaluation in the Paris Basin. AAPG Studies in Geology#30, Deposition of Organic Facies：57-71

Hidajat I, Singh M, Cooper J, et al. 2002. Permeability of porous media from simulated NMR response, Transport in Porous Media, 48(2)：225-247

Hook P, Fairhurst D, Rylander E, et al. 2011. Improved precision magnetic resonance acquisition. Application to Shale Evaluation（SPE 146883）：1-23

Hu F, Zhou C, Li C, et al. 2012. Fluid identification method based on 2D diffusion-relaxation nuclear magnetic resonance（NMR）. Petroleum Exploration and Development, 39(5)：591-596

Hurlimann M D, Venkataramnan L. 2002. Quantitative measurement of two-dimensional distribution functions of diffusion and relaxation in grossly inhomogeneous fields. Journal of Magnetic Resonance：15731-15742

Hurlimann M D, Venkataramanan L, Flaum C, et al. 2002. Diffusion-editing：New NMR Measurement of Saturation and Pore Geometry. Paper FFF in 43rd Annual Symposium of SPWLA, Oiso, Japan, June 3-6, 2002

Jerath K, Torres-Verdín C, Merletti G, et al. 2012. Improved assessment of in-situ fluid saturation with multi-dimensional nmr measurements and conventional well logs//53rd SPWLA Annual Logging Symposium

Jerosch-Herold M, Thotnann H,　Thompson A H. 1991. Nuclear magnetic resonance relaxation in porous media, SPE22861: Society of Petroleum Engineers, presented at the 66thAnnual Technical Conference and Exhibition of the SPE

Jiang R Z, Yao Y P, Miao S, *et al*. 2005. Improved algorithm for singular value decomposition inversion of T_2 spectrum in nuclear magnetic resonance. Acta Petrolei Sinica, 11(6): 27-59

Jin G D, Torres-Verdín C, Toumelin E. 2009. Comparison of NMR simulations of porous media derived from analytical and voxelized representations. Journal of Magnetic Resonance, 200: 313-320

Johannesen E, Steinsbø M, Howard J J, *et al*. 2006. Wettability characterization by NMR T_2 measurements in chalk//International Symposium of the Society of Core Analysts, Trondheim, Norway

Kalman D. 1996. A singularly valuable decomposition: the SVD of a matrix//College Math Journal.

Kausik R, Cao Minh M, Zielinski L, *et al*. 2011. Characterization of gas dynamics in kerogen nanopores . NMR SPE Unconventional Conference（SPE 147198）: 1-16

Kenyon W E. 1997. Petrophysical principles of application of NMR logging. The Log Analyst, 38(2): 21-43

Kleinberg R L, Horsfield M A. 1990. Transverse relaxation processes in porous sedimentary rock. Journal of Magnetic Resonance, 88(1): 9-19

Kleinberg R L, Jackson J A. 2001. An introduction to the history of NMR well logging. Concepts in Magnetic Resonance, 13(6): 340-342

Kleinberg R L, Straley C, Ken yon W E, *et al*.　1993. NuclearMagnetic Resonance of Rocks. T1 vs. T2, SPE 26470, Houston, Texas

LaTorraca G A, Dunn K J, Bergman D J. 1995. Magnetic susceptibility contrast effects on NMRT, logging, paper JJ in 36th Annual Logging Symposium Transactions. Society of Professional Well Log Analysts

Liao G Z, Xiao L Z, Xie R H, *et al*. 2007. Influence Factors of Multi-exponential inversion of NMR relaxation measurement in porous media. Chinese Journal of Geophysics, 50(3): 796-802

Lo S W. 1999. Correlations of NMR Relaxation time with viscosity temperature, diffusion coefficient and gadoil ratio of methane-hydrocarbon mixtures thesis. Houston: Rice University

Lo S W, Hirasaki G J, House W V, *et al*. 2002. Mixing rules and correlations of NMR relaxation time with viscosity diffusivity and gas/oil ratio of methane/hydrocarbon mixtures. SPE Journal, 7(1): 24-34

Logan W D, Horkowitz J P, Roben L, *et al*. 1998. Practical application of NMR logging in carbonate reservoirs. SPE 51329

Looyestijn W J. 2001. Distinguishing fluid properties and producibility from NMR logs//Proceedings of the 6th Nordic Symposium on Petrophysics: 1-9

Lowden B D, Porter M J, Powrie L S. 1998. T_2 Relaxation time versus mercury injection capillary pressure: Implications for NMR Logging and Reservoir Characterization. SPE 50607

Lucia F J. 1995. Rock-fabric/petrophysical classification of carbonate pore space for reservoir characterization.AAPG Bulletin, 79: 1275-1300

Luffel D L, Guidry F K, Curtis J B. 1992. Evaluation of Devonian shale with new core and log analysis methods. Journal of Petroleum Technology, 44(11): 1192-1197

Ma S, Kong L, Chen J. 2011. An improved NMR signal de-noising algorithm based on wavelet transform. Computational Information Systems, 7(13): 4651-4659

Marschall D, Gardner J S, Mardon D, et al. 1995. Method for correlating NMR Relaxometry and Mercury Injection Data. Proceedings of the International Symposium of Society of Core Analyst: 9511

Matteson A, Tomanic J P, Herron MM, et al.1998. NMR relaxation of clay-brine mixtures, paper SPE 49008: Society of Petroleum Engineers, presented at the 69th Annual Technical Conference and Exhibition of the SPE

Mitchell J, Chandrasekera T C, Johns M I, et al. 2010. Nuclear magnetic resonance relaxation and diffusion in the presence of internal gradients: The effect of magnetic field strength. Physical Review E, 81(2): 501-820

Moody J B, Xia Y. 2004. Analysis of multi-exponential relaxation data with very short components using linear regularization. Journal of Magnetic Resonance, 167(1): 36-41

Nguyen S H, Mardon D. 1995. A pversion finite-element formulation for modeling magnetic resonance relaxation in porous media. Computers and Geosciences, 21(1): 51-60

Olumide Adegbenga Talabi. 2008. Pore-scale simulation of NMR response in porous media. the degree of doctor of philosophy, September, 2008

Olumide T, Saif A, Stefan I, Martin J B. 2009. Pore-scale simulation of NMR response. Journal of Petroleum Science and Engineering, 67: 168-178

Paige C C, Saunders M A. 1982. LSQR: Sparse linear equations and least squares problems. AMC Transactions, Math 8, 1982

Passey Q, Bohacs K, Esch W. 2010. From oil-prone source rock to gas-producing shale reservoir-geologic and petrophysical characterization of unconventional shale gas reservoirs. International Oil and Gas Conference and Exhibition in China

Prammer M G, Mardon D, Coates G R, et al.1995. Lithology-independent gas detection by gradient-NMR logging. SPE Annual Technical Conference and Exhibition

Provencher S W. 1982. A general purpose constrained regularization program for inverting noisy linear algebraic and integral equations. Computer Physics Communications, 27(3): 229-242

Ramakrishnan T S, Schwartz L M, Fordham E J, Kenyon W E, Wilkinson D J. 1999. Forward models for nuclear magnetic resonance in carbonate rocks. The Log Analyst, (40): 260-270

Rick L D. 2004. New evaluation techniques for gas shale reservoirs. Reservoir Symposium: 1-13

Ross D J, Bustin R M. 2007. Shale gas potential of the Lower Jurassic Gordondale Member northeastern British Colunbia, Canada. Bulletin of Canadian Petroleum Geology, 55: 51-75

Ross D J, Bustin R M. 2008. Characterizing the shale gas resource potential of Devonian-Mississippian strata in the Western Canada sedimentary basin: Application of an integrated formation evaluation. AAPG Bulletin, 92: 87-125

Rueslåtten H, EidesmoT, Lehne K A, et al. 1998. The use of NMR spectroscopy to validate NMR logs from deeply buried reservoir sandstones.Journal of Petroleum Science amd Engineering, 19(1): 33-43

Rylander E, Jiang T M, Singer P, et al. 2010. NMR T_2 distribution in the Eagle Ford Shale: Reflections on pore size. SPE Annual Technical Conference and Exhibition（SPE 164554）, 6: 4552-4563

Sanliturk K Y, Cakar O. 2005. Noise elimination from measured frequency response functions. Mechanical Systems and Signal Processing, 19(3): 615-631

Seungoh R. 2009. Effect of inhomogeneous surface relaxivity, por geometry and internal field gradient on nmr logging: exact and perturbative theories and numerical investigation: SPWLA 50nd Annual Logging Symposium, Texas, United States, June 21-24, 2009

Shaffer L J, Bernardo M. 1996. Obtaining Capillary Pressure Data from NMR T2 Distributions, Extended Abstract, 1996 SPWLA NMR Workshop, Section 12

Sharer J L, Mardon D, Bouton J C, et al. 1999. Diffusion effects on NMR studies of an iron-rich sandstone oil reservoir. Internal sysmposium of the society of core analysts, hague, Holand, September 14-16, 1999

Sigal R F, Odusina E. 2011. Laboratory NMR measurement on methane satuated Barnett shale sample. Petrophysics, 52(1): 32-49

Slot-Peteresen C, Eidesmo T, White J, et al. 1998. NMR Formation Evaluation Applications in a Complex Low-Resistivity Hydrocarbon Reservoir. SPWLA 39th Annual Logging Symposium, May 26-29, 1998

Sondergeld C H, Newsham K, Comisky J. 2010. Petrophysical considerations in evaluating and producing shale gas resources. SPE Annual Technical Conference and Exhibition（SPE 131768）: 99-132

Sondergeld C H, Ambrose R J, Rai C S, *et al.* 2012. Micro-structure studies of gas shales.　SPE Annual Technical Conference and Exhibition（SPE 131771）：150-166

Song Y Q, Venkataranlanan L, Hurlimann M D, *et al.* 2002. T_1-T_2correlation spectra obtained using a fast two-dimensional Laplace inversion.　Joumal of Magnetic Resonance, 154：261-268

Stonard S W, LaTorraca G A, Dunn K J. 1996. Effects of magnetic susceptibility contrasts on oil and water saturation determinations by NMR T2 laboratory and well log measurements. International Symposium of the Society of Core Analysts, Montpellier, France, September 8-10, 1996

Straley C, Morriss C E, Kenyon W E, *et al.* 1995. NMR in partially saturated rocks：laboratory insights on free fluid index and comparison with borehole logs.　The Log Analyst, 36(1): 40-56

Sun B, Dunn K J. 2005a. A global inversion method for multi-dimensional NMR logging. Journal of Magnetic Resonance, 172(1)：152-160

Sun B, Dunn K J. 2005b. Two-dimensional nuclear magnetic resonance petrophysics.Magnetic Resonance Imaging, 23(2)：259-262

Sun B, Dunn K J, Lopes J, *et al.* 2003. T1MAS 2D NMR technique provides valuable information on produced oil//SPWLA 44th Annual Logging Symposium. Society of Petrophysicists and Well-Log Analysts

Sun B, Dunn K J, Bilodeau B J, *et al.* 2004. Two-dimensional NMR logging and field test results//SPWLA 45th Annual Logging Symposium. Society of Petrophysicists and Well-Log Analysts

Sun B, Skalinski M, Brantjes J, *et al.* 2008. Accurate NMR fluid typing using functional T_1/T_2 ratio and fluid component decomposition. International Petroleum Technology Conference

Swanson B F. 1981. A simple correlation between permeabilities and mercury capillary pressure. JPT：2498-2504

Talabi O. 2008. Pore-scale simulation of NMR response in porous media. London：Imperial College London

Talabi O, AlSayari S, Iglauer S, *et al.* 2009. Pore-scale simulation of NMR response.Journal of Petroleum Science and Engineering, 67：168-178

Tan M J, Wang P, Mao K Y. 2013a. Comparative study of inversion methods of three-dimensional NMR and sensitivity to fluids.Journal of Applied Geophysics

Tan M J, Zou Y L, Zhou C C. 2013b. A New inversion method for（T_2, D）2D NMR Logging and fluid typing. Computer and Geosciences, 51：366-380

Thamban N M, Pereverzev S V. 2007. Regularized collocation method for Fredholm integral equations of the first kind. Journal of Complexity, 23(4)：454-467

Thomeer J H M. 1960. Introduction of a pore geometrical factor defined by the capillary pressure curve. SPE 1324-G

Tomutsa L, Silin D. 2004. Nanoscale pore imaging and pore scale fluid flow modeling in chalk. 25th Annual workshop and Symposium Collaborative Project on Enhanced Oil Recovery, Stavanger, Norway

Toumelin E, Torres-Verdín C, Chen S. 2003. Modeling of multiple echo-time NMR measurements for complex pore geometries and multiphase saturations. SPE Reservoir Evaluation & Engineering, 6(4): 234-243

Toumelin E, Torres-Verdin C, Sun B, et al. 2006. Limits of 2D NMR Interpretation Techniques to Quantify Pore Size Wettability and Fluid Type: A Numerical Sensitivity Study. SPE Journal, 11(3): 354-363

Toumelin E, Torres-Verdin C, Sun B, et al. 2007. Random-walk technique for simulating NMR measurements and 2D NMR maps of porous media with relaxing and permeable boundaries. Journal of Magnetic Resonance, 188: 83-96

Valckenborg R M.E, Huinink H P, Sande J J, et al. 2002. Random-walk simulations of NMR dephasing effects due to uniform magnetic-field gradients in a Pore. Physical Review E, (65): 021306

Valfouskaya A, Adler P M, Thovert J F, et al. 2006. Nuclear magnetic resonance diffusion with surface relaxation in porous media. Journal of Colloid and Interface Science, 295(1): 188-201

Venkataramanan L, Song Y Q, Hurlimann M D. 2002. Solving Fredholm integrals of the first kind with tensor product structure in 2 and 2.5 dimensions.Signal Processing. IEEE Transactions, 50(5): 1017-1026

Visscher W M, Bolsterli M. 1972. Random packing of equal and unequal spheres in two and three dimensions.Nature, 239(5374): 504-507

Volokitin Y, Looyestijn W J, SlijkermanW F J, et al. 2010. A practical approach to obtain 1st drainage capillary pressure curves from NMR core and log data. SCA-9924

Wang W M, Miao S, Liu W, et al. 1998. A study to determine the moveable fluid porosity using NMR technology in the rock matrix of Xiao guai Oil fleld . SPE 50903

Wang W, Li P, Ye C. 2001. Multi-exponential inversions of nuclear magnetic resonance relaxation signa. Science in China Series A: Mathematics, 44(11): 1477-1484

Wang Z, Xiao L, Liu T. 2004. A new method for multi-exponential inversion of NMR relaxation measurements. Science in China Series G, 47(3): 265-276

Wells J D, Amaefule J O. 1985. Capillary pressure and permeability relationships in tight gas sands, SPE/DOE13879, SPE/DOE 1985 Low Permeability Gas Reservoirs, Denver Colorado, May 19-22, 1985

Westphal H, Surholt I, Kiesl C, et al. 2005. NMR measurements in carbonate rocks: Problems and approach to a solution. Pure and Applied Geophysics, 162(3): 549-570

Wildenschild D, Hopmans J W, Vaz C M P, et al. 2002. Using x-ray computed tomography in hydrology: systems, resolutions, and limitations. Journal of Hydrology, 267(3/4): 285-297

Wilkinson D J, Johnson D L, Schwartz L M. 1991. Nuclear magnetic relaxation in porous media: The role of the mean lifetime. Physical Review B, 44: 4960-497

Woessner D E. 2001. The early days of NMR in the Southwest. Concepts in Magnetic Resonance, 13(2): 77-102

Xie H, Xiao Z, Wang Z D, et al. 2008. The influence factors of NMR logging porosity in complex fluid reservoir. Science in China Series D: Earth Sciences, 51(2): 212-217

Xu C C, Torres-Verdín C. 2013. Quantifying fluid distribution and phase connectivity with a simple 3D cubic pore network model constrained by NMR and MICP data. Computers & Geosciences, 61: 94-103

Xu X, Davis L A. 1999. The relation of pore size to NMR T_2 diffusional relaxation in porous media, paper SPE-56800: Society of Professional Engineers, presented at the 70th Annual Technical Conference and Exhibition of the SPE

Yang Z, Hirasaki G J, Appel M, et al. 2012. Viscosity evaluation for nmr well logging of live heavy oils. Petrophysics, 53(1): 22-37

Zhang Q, Lo S W, Huang C C, et al. 1998. Some exceptions to default NMR rock and fluid properties, paper FF in 39th Annual Logging Symposium Transactions. Society of Professional Well Log Analysts

Zhang G Q, Huang C C, Hirasaki G J. 2000a. Interpretation of wettability in sandstones with NMR analysis. Petrophysics, 41(3): 223-233

Zhang Q, Hirasaki G J, House W V. 2000b. Internal field gradients in porous media, paper AA in 41st Annual Logging Symposium Transactions. Society of Professional Well Log Analysts

Zheng L H, Chiew T C. 1989. Computer simulation of diffusion controlled reactions in dispersions of spherical sinks. The Journal of Chemical Physics, 90(1): 322-327

Zielinski L, Ramamoorthy R, Cao M, et al. 2010. Restricted diffusion effects in saturation estimate from 2D diffusion-relaxation NMR maps. SPE 134841, SPE Unconventional Conference: 1-8

Øren P E, Antonsen F, Rueslåtten H G, Bakke S. 2002. Numerical simulations of NMR responses for improved interpretations of NMR measurements in reservoir rocks. SPE 77398, SPE Annual Technical Conference and Exhibition. San Antonio, Texas